长距离引输水工程隧洞施工试验检测关键技术

汪魁峰　王　健　汪玉君
徐志林　宗兆博　宋立元　等著

黄河水利出版社
·郑州·

内容提要

隧洞是长距离引输水工程中一种重要的工程形式，其施工质量直接影响长距离引输水工程的安全。本书在扼要阐述长距离引输水工程隧洞的基础知识和常见病害的基础上，根据辽宁省内长距离引输水隧洞工程实例，对其施工质量所涉及的试验和检测关键技术进行了研究，同时对施工过程中原材料、中间产品和工程实体质量检测技术及方法进行了总结，为国内外类似工程的质量试验检测提供借鉴和参考。

本书对长期从事长距离引输水工程隧洞设计、施工、检测和试验的工程人员具有实用价值，亦可供长期从事水工结构研究的科研人员、大专院校学生及隧洞工程设计人员参考。

图书在版编目(CIP)数据

长距离引输水工程隧洞施工试验检测关键技术/汪魁峰等著. —郑州：黄河水利出版社，2017. 11

ISBN 978－7－5509－1905－1

Ⅰ. ①长…　Ⅱ. ①汪…　Ⅲ. ①长距离－引水隧洞－隧道施工－检测－研究 ②长距离－过水隧洞－隧道施工－检测－研究　Ⅳ. ①TV672

中国版本图书馆 CIP 数据核字(2017)第 288106 号

组稿编辑：李洪良　电话：0371－66026352　E-mail：hongliang0013@163. com

出 版 社：黄河水利出版社　　网址：www. yrcp. com

地址：河南省郑州市顺河路黄委会综合楼 14 层　　邮政编码：450003

发行单位：黄河水利出版社

发行部电话：0371－66026940、66020550、66028024、66022620(传真)

E-mail：hhslcbs@126. com

承印单位：虎彩印艺股份有限公司

开本：787 mm×1 092 mm　1/16

印张：8. 5

字数：196 千字　　印数：1—1 000

版次：2017 年 11 月第 1 版　　印次：2017 年 11 月第 1 次印刷

定价：35. 00 元

前 言

长距离引输水工程是在大范围内实施水资源优化配置的战略性基础设施。我国水资源较为丰富,但人均水资源占有量很低,同时存在水资源时空分布极不均匀的问题。水资源贫乏地区面临工农业日益增长的用水需求压力,供需矛盾突出;与此同时,水资源丰富地区的水资源多用于水力发电,不能得到充分利用。为实现水资源的优化配置,提高水资源利用效率,我国的长距离引输水工程掀起了一个发展高潮。

隧洞是长距离引输水工程中一种重要的工程形式,其施工质量直接影响长距离引输水工程的安全。本书在扼要阐述长距离引输水工程隧洞的基础知识和常见病害的基础上,根据辽宁省内长距离引输水隧洞工程实例,对其施工质量所涉及的试验和检测关键技术进行了研究,同时对施工过程中原材料、中间产品和工程实体质量检测技术及方法进行了总结,为国内外类似工程的质量试验检测提供借鉴和参考。

本书由汪魁峰、王健、汪玉君、徐志林、宗兆博、宋立元著,编写人员及编写分工如下:汪魁峰、王健、李括、王兴华、马洪山、艾新春、张瑞、宫旭、唐树新、姜涛编写第一章。汪玉君、徐志林、张红亮、杨春旗、富天生、高宽、邵大明、杨勇、崔连生、刘芃呈、艾存峰、刘世鹏、马旭、袁兴泽、赵明、张黎、邹建飞、姜子南、刘丽、王俊达编写第二章。宗兆博、宋立元、马秀梅、赵淑杰、宋兵伟、刘先峰、刘宗博、徐广忠、于尚合、乔雷、孙井泉、柳振华、王鹏、陈秀君、赵宇、吴永跃、常锦辉、张伟编写第三章。汪魁峰、王健、汪玉君、徐志林对全书进行通审。

本书以辽宁省内大伙房输水工程等项目为基本案例,在注重实用性的前提下,根据相关规范标准总结在长距离引输水工程隧洞施工质量试验检测的相关经验。书中涉及的工程实例丰富,涉及面广,内容翔实,对同类工程的试验检测具有较大的参考价值,本书对长期从事长距离引输水工程隧洞设计、施工、检测和试验的工程人员具有实用价值,亦可供长期从事水工结构研究的科研人员、大专院校学生及隧洞工程设计人员参考。

限于作者的知识水平,书中难免有欠妥之处,请广大读者批评指正。

编 者

2017 年 11 月

目　录

前　言

第一章　绪　论 ………………………………………………………………… (1)

　第一节　长距离引输水隧洞工程简介 ………………………………………… (1)

　第二节　辽宁省长距离引输水隧洞工程概况 ………………………………… (7)

　第三节　长距离引输水隧洞工程常见病害 …………………………………… (13)

　第四节　长距离引输水工程隧洞试验检测的主要内容 ……………………… (16)

第二章　试验技术 ……………………………………………………………… (18)

　第一节　混凝土配合比试验研究 ……………………………………………… (18)

　第二节　进排气阀性能测试试验 ……………………………………………… (33)

　第三节　隧洞竖井投料还原试验 ……………………………………………… (36)

第三章　检测技术 ……………………………………………………………… (62)

　第一节　原材料和中间产品质量控制 ………………………………………… (62)

　第二节　工程实体质量检测 …………………………………………………… (65)

　第三节　新型隧洞检测装置研发 ……………………………………………… (112)

参考文献 ………………………………………………………………………… (126)

第一章 绪 论

第一节 长距离引输水隧洞工程简介

一、背景

自古以来,水利工程的两大任务就是除水害和兴水利,为此人们兴建了各种水利工程,范围涵盖了防洪、治涝、水力发电、灌溉、航运、给水和水利环境保护等各个方面。在与水做斗争的漫长岁月里,人们也积累了丰富的治水经验。

随着人类社会的不断发展,人们对水的需求也不断增长。然而地球上淡水总量仅占地球总水量的2%,而其中的91%又存在于南北极的冰山无法得到利用,其余9%可资利用的淡水资源又由于科技条件的限制而得不到充分利用。由于淡水资源的天然分布与人类的地理分布极不一致,来水量的时间分配又与人们的生活需求存在极大差距,因此往往存在区域性水量不足的问题,从而制约了地区经济社会的发展,严重影响了人们的生活质量。

我国淡水资源总量约为2.8×10^{13} m^3,就总量来说还是较多的,但其中绝大部分是难以被开采利用的水资源和远离需水地区的地下水,仅有占淡水总量37%左右的淡水资源可资利用,因此我国是一个缺水严重的国家,不仅东西部的差异十分明显,而且南北部的分布也极不平衡。随着城市化进程的推进,城市水资源供需的矛盾也日益严重。水资源分布的不均也使得有的地区供水量出现“假富余”的现象。

就水体总体分布而言,我国淡水资源目前属于极度缺乏状态。全国城市缺水总量高达30亿m^3,20%以上城市缺水现象严重,更有70%以上的城市供水形势紧张。在我国很多地区,人们环保意识严重缺失,这就造成了人口越聚集,污染越严重的现象,而人口多聚集在大中河流附近,这就对水体造成了严重的污染。目前,我国很多河流受到污染,其中污染严重的河流有的已经无法利用。受污染严重的河流已经成为一种新的污染源,不仅不能利用,而且对其他河流的水质造成直接影响。因水质污染严重,在我国仅有的30%水量丰沛的城市中也出现水质性缺水的现象。

工农业生产、城市居民生活等对水质和水量都有一定要求,需要水质好、总量稳定可靠的水源,地下水则是满足上述要求的水源之一。但是人类过度的开采利用,使得地下水的水位呈现出逐年下降趋势,导致天坑地陷和滑坡、土地盐碱化等灾害现象出现。很多地区的地下水在水位降低的同时,也遭受了极大的污染,且污染程度呈逐年加重的趋势。

水污染的日趋严重在降低了水体的使用功能的同时,更使得水资源短缺现象日益加剧。由于我国城市自来水水价并不实行市场定价,水企的亏损由政府给予补贴,这就使得自来水水价过于低廉,同时使得人们对水资源的利用没有节制,肆意取用,进而造成浪费;

而水价过低也极大地打击了相关科技创新企业在节水设备和节水技术上的积极性,这样由于人们节水和水资源保护意识淡漠,以及相关技术设备创新滞后,我国水资源的利用一直沿着粗放型的轨迹发展,利用率和生产效益非常低,这就导致了一方面水资源严重紧缺,而另一方面工矿企业和居民生活中对水资源的浪费这种现象的出现。

我国城市在水污染治理上的发展又是比较缓慢的。随着城市规模的不断扩大,人口的进一步增长,城市的工业、企业的数量迅速增加,规模迅速扩张,污水处理设施的缓慢发展已经不能适应工业、企业的生产要求。由于各种原因,很多新建的城市污水处理厂建成后没有得到有效运行,没有发挥应有的效益,未经处理的污水任意排放,反而对城市水体造成污染。目前,我国的排污制度执行的是低收费的政策,而企业污水处理的处理成本又较高,这就使得某些产生有毒有害物质的排污企业不重视污水处理,污水处理设施也得不到有效利用,导致排放的污水质量不达标,甚至偷排现象时有发生,使得所在地区水资源受到严重污染。

无论是在整个国民经济中,还是在城市化进程中,水资源都占据着举足轻重的地位。随着改革开放的不断深入,国民经济的建设也处于高速发展的时期,水资源的短缺直接制约着国民经济发展的进程,也影响着人民群众的生活质量。应对我国水资源所面临的严峻形势,解决方案就是在社会意识层面建设节水型社会,培养人民群众的节水意识,在工程上建设远距离调水工程,将水资源从丰水地区通过工程技术手段调配到缺水地区,解决缺水地区的用水紧张等问题。

所谓的长距离输水工程,是指为了改变水资源在自然界分布不均给社会经济带来的局限性和不利影响,按照人的主观意志,运用科学技术手段将水资源从丰沛地区远距离调运到缺水地区,从而缓解当地缺水状况。长距离输水工程具有调水量大、调水距离长、跨流域分配水资源等特点。长距离输水工程早期采用天然河道和明渠,利用自然地势,以重力流方式输水,这种方式在早期由于污染小,输送过程中受到的工业和生活污水的影响小,所以可以在一定时期内满足水质水量的需求。后来随着人类社会的发展,社会环境和自然环境发生了巨大的改变,污染也日益严重,采用明渠和天然河道供水已经不能保证水质在输运过程中不受污染,因此输水工程的形式也由开放式供水向封闭式的管道、隧洞输水转变,现在新建和拟建的长距离输水工程多以管道、隧洞输送为主。隧洞输水具有高效快捷、保证水质、防止蒸发散失的特点,在长距离输水工程中的应用越来越多。

二、长距离引输水隧洞的特点

(一)水力特点

长距离引输水隧洞具有以下水力特点:

(1)泄水能力与水头 H 的 1/2 成正比,超泄能力较表孔弱。

(2)进口位置低,能预泄。

(3)承受的水头较高,流速大,易引起空化、空蚀。

(4)水流脉动会引起闸门等振动。

(5)出口单宽流量大,能量集中,会造成下游冲刷。

(二)结构特点

长距离引输水隧洞具有以下结构特点:

(1)洞室开挖后,引起应力重分布,导致围岩变形甚至崩塌,为此常布置临时支护和永久性衬砌。

(2)承受较大的内水压力的隧洞,要求围岩具有足够的厚度和必要的衬砌。

(三)施工特点

长距离引输水隧洞具有以下施工特点:断面小,洞线长,工序多,干扰大,施工条件差,工期较长。

三、长距离引输水隧洞的类型

水工隧洞可用于灌溉、发电、供水、泄水、输水、施工导流和通航,根据隧洞的埋深、流态、衬砌方式以及流速的不同,可将输水隧洞分为以下几类。

(1)按埋深分:埋深大于 300 m 的隧洞为深埋隧洞,埋深大于 500 m 的隧洞为超深埋隧洞。

(2)按流态分:洞内水流呈明流状态的水工隧洞为无压隧洞,沿隧洞全程以满洞有压流态过水的水工隧洞为有压隧洞。

(3)按衬砌方式分:不衬砌隧洞,喷锚、混凝土衬砌或钢筋混凝土衬砌等。

(4)按流速大小分:水流速度高于 16 m/s 的水工隧洞为高速隧洞,水流速度不高于 16 m/s 的为低速隧洞。

输水隧洞由控制水流的进口段、输送水流的洞身段和连接消能设施的出口段三部分组成,一般断面小,洞线长,工序多,干扰大,施工条件差,工期较长。为防止岩石坍塌和渗水等,洞身段常采用锚喷(采用锚杆和钢筋混凝土)或钢筋混凝土做成临时支护或永久性衬砌。洞身断面可为圆形、马蹄形或城门洞形(见图 1-1)。进出口布置、洞线选择以及洞身断面的形状和尺寸,受地形、地质、地应力、枢纽布置、运用要求和施工条件等因素所制约,需要通过技术经济比较后确定。

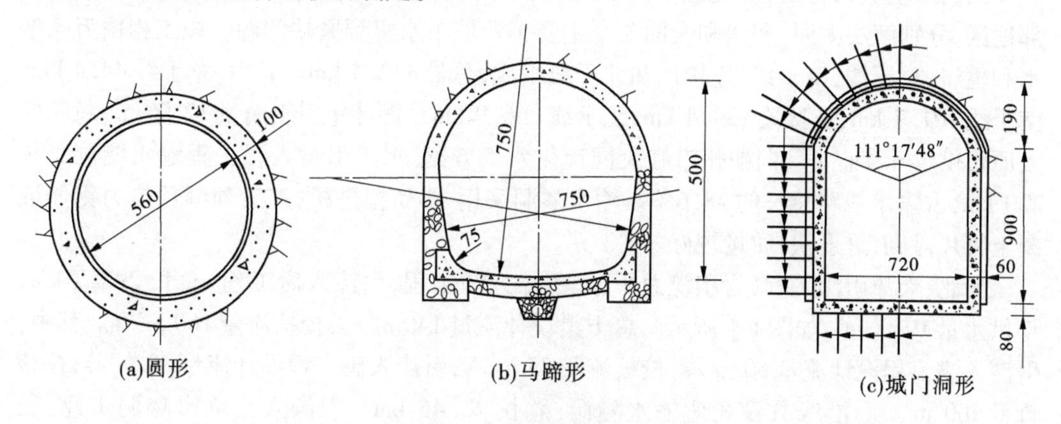

图 1-1 洞身断面形式

四、国内外典型长距离引输水隧洞工程

输水隧洞作为调水工程中的一种主要建筑物，在我国水利工程史上已有数千年的历史。近年来，随着我国长距离调水工程的大规模兴建，输水隧洞在工程规模、设计和施工水平、掘进和衬砌方法以及建设管理经验等方面都有了飞速的发展与进步。

广东省东深供水改造工程(见图1-2)，工程等别为Ⅰ等，主要建筑物为1级。从东江取水口到深圳沙湾水库。输水距离51.7 km，取水口设计流量100 m^3/s，年总供水量24.23亿m^3(其中供香港特区11亿m^3)。改造工程项目主要为新建泵站3座、渡槽3座、无压隧洞7座、有压输水箱涵与管道10座、无压输水明槽与箱涵和涵洞8座，以及人工渠道改造等。其中，无压输水隧洞总长14 698 m，占输水线路总长的28.4%。

图1-2　广东省东深供水改造工程

山西省引黄入晋工程(见图1-3)，从黄河干流上的万家寨水库取水，贯穿山西省北中部地区，分别解决太原、朔州和大同3个主要工业城市水资源紧缺问题。该工程由万家寨水利枢纽、总干线、南干线、连接段和北干线组成，总长452.4 km。其中，总干线44.4 km、南干线101.7 km、连接段139.4 km、北干线166.9 km。设计年引水总量12亿m^3，每年向太原市供水6.4亿m^3，向朔州市和大同市供水5.6亿m^3。引黄入晋工程输水隧洞总长220 km，占输水线路总长的48.6%。输水隧洞采用TBM掘进机施工，预制预应力钢筋混凝土管片衬砌，进度快，质量较好。

河北、天津引滦工程(含引滦总干渠、引滦入津工程、引滦入唐工程)总长292.7 km，年供水量19亿m^3，如图1-4所示。总干渠设计流量140 m^3/s，校核流量160 m^3/s。其中：引滦入津工程设计流量60 m^3/s，校核流量75 m^3/s；引滦入唐工程设计流量80 m^3/s，校核流量100 m^3/s。沿线共设8座输水隧洞，总长20.46 km。引滦入津输水隧洞1座，长12.39 km；引滦入唐输水隧洞7座，长8.07 km。引滦入津隧洞和引滦入唐的3座隧洞为圆拱直墙形断面，断面尺寸6.5 m×7.5 m，采用钻爆法施工；引滦入唐的另外4座隧洞为圆形断面，洞径5.6 m，采用全断面掘进机和现浇混凝土衬砌法施工。

图 1-3　山西省引黄入晋工程

图 1-4　河北、天津引滦工程

辽宁省大伙房水库输水工程(见图 1-5),是为解决辽宁省中部地区的抚顺市、沈阳市、辽阳市、鞍山市、营口市和盘锦市等 6 座城市工业和居民用水的大型输水工程。工程将辽宁省东部流域的 101 水库发电尾水,利用 201 电站作为调节池,经 85.22 km 输水隧洞自流引水至苏子河汇入大伙房水库,经大伙房水库反调节后,向辽宁省中部地区的 6 座城市供水。工程设计输水流量为 70 m^3/s,多年平均输水量为 17.88 亿 m^3。

为满足供水、航运、灌溉、发电等需求,许多国家开始兴建调水工程,而且规模越来越大,结构越来越复杂,工程技术和管理方法也越来越先进。截至 2011 年,全球已建成长度超过 12 km 的水工隧洞工程见表 1-1。

图 1-5 辽宁省大伙房水库输水工程

表 1-1 全球已建成长度超过 12 km 的水工隧洞工程(截至 2011 年)

序号	名称	位置	长度(km)	类型	竣工(年)	说明
1	德拉瓦	美国,纽约州	137.000	输水	1945	纽约市主要供水工程
2	派亚特海梅	芬兰,南芬兰省	120.000	输水	1982	截面面积 16 m^2
3	大伙房	中国,辽宁省	85.320	输水	2009	ϕ8 m
4	博尔门	瑞典,克鲁努贝里省-斯科讷省	82.000	输水	1987	截面面积 8 m^2
5	热烈夫卡	捷克,中波西米亚州	51.075	输水	1972	截面面积 5 m^2
6	卡拉努卡尔水电站引水隧洞	冰岛,东部区	39.700	水力发电	2007	ϕ7.2~7.6 m
7	吉盖吉贝二号水电站引水隧洞	埃塞俄比亚,奥莫河	26.000	水力发电	2009	
8	新马水电站引水隧洞	中国,四川省	22.975	水力发电	2009	ϕ8.6 m
9	吉沙水电站低压引水隧洞	中国,云南省	14.467	水力发电	2007	
10	大宁水电站引水隧洞	越南,平顺县	12.900	水力发电	2006	其中 7 km 为 TBM 施工
11	奥兰治河-大鱼河	南非,叙尔山高原	82.900	灌溉	1975	截面面积 22.5 m^2
12	尚勒乌尔法灌溉隧洞	土耳其,尚勒乌尔法省	26.400	灌溉	2005	

第二节 辽宁省长距离引输水隧洞工程概况

辽宁省是我国水资源问题比较突出的地区之一,由于辽宁省降水量时空变化较大,造成地区水资源分布不均匀。降水量自东南向西北递减,东部流域及其支流为辽宁省水资源量最丰沛的地区,中部、南部水系水资源量相对较少。辽宁中部、南部地区的沈阳市、抚顺市、本溪市、鞍山市、盘锦市和大连市等地经济发达、人口密集,但水资源严重匮乏,人均占有水资源量低,且水资源开发利用程度高,工农业争水现象日益严重。区域内河流水质污染严重,地下水普遍超采。经水资源供需预测分析,在设计水平年强化工农业和城镇节水措施的情况下,本地区水资源仍然不能满足当地的需水要求。水资源短缺已成为制约国民经济和社会可持续发展的重要因素,急需寻找新的水源解决目前严重的缺水问题及远期发展的蓄水问题。

与此同时,同属辽宁省的东部流域水资源丰富,人均、亩均水资源占有量在全国居于前列。目前,东部流域水资源开发利用程度很低,水资源得不到充分合理的利用。从辽宁省水资源的总体情况看,存在长距离引输水的可能性,以解决辽宁省部分地区水资源紧缺的问题。

目前,辽宁省内已修建或在建多项长距离引输水工程,其中以大伙房水库输水工程、引观入本工程、引碧入连工程较为典型。

一、大伙房水库输水工程

(一)工程简介

大伙房水库输水工程是辽宁省"十五""十一五"期间重点基础设施建设项目,是为解决辽宁省中部地区的抚顺市、沈阳市、辽阳市、鞍山市、营口市、盘锦市、大连市等7座城市工业及居民生活用水的大型水资源配置工程。本工程将辽宁省东部流域的101水库发电尾水,利用201电站作为调节池,经85.32 km的输水隧洞自流引水至苏子河汇入大伙房水库,经大伙房水库反复调节后,向辽宁省中部地区的6座城市输水。工程设计输水流量为70 m^3/s,多年平均输水量为17.88亿 m^3。

大伙房水库输水工程受水区市是辽宁省重要的工业及商品粮生产基地,也是全国重要的以钢铁、煤炭、石油、化工、电力、机械、建材为主的重工业区。该地区经济发达、人口密集,但水资源贫乏,人均占有水资源仅为544 m^3,是我国严重缺水地区之一,且水资源开发利用程度已很高,约为79.8%,供需矛盾日益突出,严重影响了工农业生产的正常发展和人民生活的基本需要。浑河、太子河、大辽河水质污染严重,生态环境恶化,地下水普遍超采,产生了地下漏斗、地面沉降等问题。在强化工农业和城镇节水措施、实现水资源优化配置的前提下,本地区水资源仍然不能满足当地的蓄水要求。输水工程调出区是东部流域的上游山区,当地人烟稀少,经济落后,人均水资源占有量达到4 187 m^3,亩均水资源占有量为4 900 m^3,人均、亩均水资源占有量相当于全国平均水平的2倍,为辽宁省中部地区的8倍,是水资源较为丰富的流域之一。目前,东部流域水资源开发以水能开发为主,水利开发利用程度很低,仅为7%,多年平均有68.83亿 m^3的水量仅用于谁能开发后便白白地流走。大伙房水库输水工程的建设从根本上解决了辽宁省中部城市群的缺水状况,对实现辽宁省东部和中部地区的水资源优化配置与促进辽宁省社会、经济和环境的可持续协调发展具有重要的战略意义。

工程主要经济技术指标见表1-2。

表1-2 工程主要经济技术指标

序号	项目	指标
1	设计水平年	2020年
2	设计调水流量(m^3/s)	70.0
3	多年平均年降水量(亿 m^3)	17.88
4	输水隧洞长度(km)	85.32
5	隧洞进口底板高程(m)	229.85
6	隧洞出口底板高程(m)	194.00
7	隧洞进、出口高差(m)	35.85
8	隧洞底坡	1:2 385
9	隧洞输水方式	重力流(无压)
10	主要受益城市	抚顺市、沈阳市、辽阳市、鞍山市、营口市、盘锦市、大连市
11	受益人口(万人)	1 006

(二)结构形式

大伙房水库输水工程分为两期建设。

1.一期工程

一期工程由取水头部工程、输水隧洞工程及出口工程等组成。工程为Ⅰ等工程,主要建筑物级别为1级。取水口为岸边开敞式结构,位于201水库坝上5.4 km处,分为渐变段、闸室段、消力池段。输水隧洞总长85.32 km,为深埋、连续特长隧洞,由辽宁东部流域大伙房水库进行调水,设计调水流量为70 m^3/s,多年平均调水量为17.86亿 m^3(保证率95%)。隧洞进口底板高程299.85 m,出口底板高程194.00 m,纵坡1/2 380,洞线总体走向为NWN50°左右。隧洞施工采用以TBM(隧洞掘进机)施工为主、钻爆法施工为辅的联合作业方法,桩号23+513.68 m之前为钻爆法施工段,之后为TBM施工段。钻爆法施工段采用三心马蹄形断面,成洞尺寸 $R=3.5$ m;TBM施工段采用圆形断面,开挖洞径为8.0 m。筑模混凝土段成洞洞径 $D=7.16$ m,锚喷段成洞洞径 $D=7.84$ m。每台TBM施工段控制长度在18~20 km作用,整个洞线共布置施工支洞14条,其中4条为临时施工支洞,其余均为永久支洞,支洞总长15 405.68 m。TBM分别从10号、15号、出口进入主洞施工,其中两台TBM为洞内组装,分别在10号、15号支洞与主洞交叉处设有扩大洞室,供TBM组装和架设连续皮带机用。此外,在11号、13号、14号、16号支洞和出口设有供连续皮带机使用的扩大洞室,12号支洞设有供TBM拆卸的扩大洞室。10号和15号支洞考虑掘进机部件进出洞的需要,成洞断面尺寸 $b \times h = 6.6\ m \times 6.0\ m$(其中直墙高 3.5 m),其余支洞成洞断面尺寸 $b \times h = 5.0\ m \times 5.0\ m$(其中直墙高 3.0 m)。出口建筑物布置主要由出口闸室及消能工等建筑物组成。

2. 二期工程

二期工程是将浑江流域调来的水由大伙房水库调节后,向辽宁省抚顺市、沈阳市、辽阳市、鞍山市、营口市、盘锦市等6座城市输水的一项大型输水工程,由取水头部、输水隧洞、输水管线、6座配水站、1座加压泵站、3座加氯站、8座稳压塔等建筑物组成。

取水头部工程位于大伙房水库左岸,靠近二副坝,距水库大坝坝址约700 m,由取水口和取水头部厂区组成。取水口共计3孔,每孔均采用三层取水,下层取水闸门设于前,中层取水闸门设于后,为上错层形式。取水口尺寸均为6 m×6 m。分层取水段后设3套双侧进水的自动旋转滤网,每套滤网后面设置1孔事故检修闸门。

取水头部后接输水隧洞,输水隧洞进口设置一扇6 m×6 m快速闸门,输水隧洞为有压洞,圆形断面,成洞直径为6 m,从取水头部到刘山出口,全段总长为28.949 km。两段管道连接段将整个输水隧洞段分割为三段:第一段隧洞(0+063 m~5+311 m)长度为5.248 km,坡度为2‰;第二段隧洞(7+341 m~22+684 m)长度为15.343 km,坡度为0.74‰;第三段隧洞(24+180 m~29+012 m)长度为4.832 km,坡度为0.74‰。隧洞段合计25.423 km。隧洞初期支护为锚、网、喷支护体系,设计喷射混凝土强度等级为C25W8。二次衬砌混凝土强度等级:主洞Ⅰ类围岩段不进行二次衬砌混凝土,Ⅱ~Ⅲ类围岩段为C25W12F150钢筋混凝土,在Ⅳ~Ⅴ类围岩段为C40W12F150预应力钢筋混凝土,且每10~16 m设一道伸缩缝,伸缩缝采用橡胶止水带止水,橡胶止水带的上下用闭孔泡沫板填塞,并用密闭胶封闭。

隧洞衬砌施工图见图1-6。

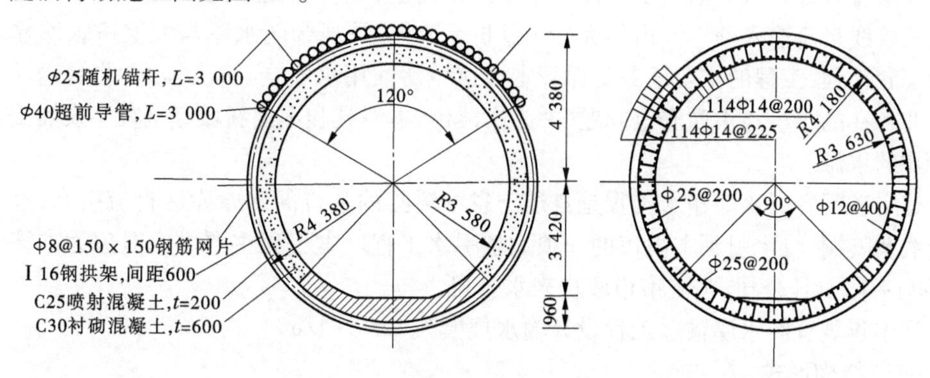

图1-6 隧洞衬砌施工图 (单位:mm)

输水管道线路总长231.4 km,其中:

输水洞出口至沈阳配水站1输水线路长约17.0 km,为2×DN3200PCCP管道;

沈阳配水站1至沈阳配水站2输水线路长16.4 km,为2×DN3200PCCP管道;

沈阳配水站2至辽阳配水站输水线路长52.7 km,为2×DN2400PCCP管道;

辽阳配水站至鞍山配水站输水线路长28.7 km,为2×DN2400PCCP管道;

鞍山配水站至营盘配水站输水线路长41.3 km,为1×DN2400PCCP管道;

营盘配水站至盘锦配水站输水线路长43.6 km,为1×DN1400玻璃钢管道;

营盘配水站至营口配水站输水线路长31.7 km,为1×DN1800玻璃钢管道。

输水管线沿线配有各种阀井,包括稳压井、空气阀井、泄水阀井、检修阀井等。全线共穿越河流22次,穿越铁路5次,穿越高速公路6次、国道7次、省道以下级别公路(沥青路)62次。

作为输水工程调节水库的大伙房水库位于浑河上游,距离抚顺市18 km,是一座以防洪、灌溉、城市和工业供水为主,兼顾发电、养鱼等综合利用的水利枢纽。水库于1954年动工,1957年拦洪,1958年全面竣工。水库设计洪水标准为1 000年一遇,校核标准为可能最大洪水。水库校核洪水位为139.32 m,相应库容22.68亿 m^3;正常蓄水位为131.50 m,相应库容14.30亿 m^3;死水位为108.00 m,相应库容1.44亿 m^3;水库调节库容为12.68亿 m^3,兴利库容为102.96亿 m^3。坝址以上控制流域面积为5 437 km^2,占浑河流域面积的47.4%。

水库主要建筑物包括拦河坝、溢洪道、输水洞、水电站和城市取水口等工程。拦河坝为黏土心墙坝,坝顶长1 367 m,坝顶高程139.80 m,最大坝高49.8 m,另有副坝3座。溢洪道位于拦河坝右侧。输水洞为有拦河坝左侧,洞长335.0 m,洞径6.5 m,进口底高程94.00 m。

3座加氯站分别布置在取水头部、沈阳配水站、鞍山配水站内。1座加压泵站与鞍山配水站合建。

二、引观入本工程

(一)工程简介

辽宁省观音阁水库输水工程位于太子河干流上,是将已建的观音阁水库水经过输水隧洞及管线自流输入到本溪市的大(2)型Ⅱ等工程,是观音阁水库与大伙房水库输水工程的配套工程,工程的主要任务是保障本溪市生活饮用水安全,解决本钢、北台钢厂等大型企业存在的水量与水质安全问题,并为本溪市、本溪县和本溪新城经济社会发展提供安全可靠的水源。

辽宁省观音阁水库输水工程是自辽宁省本溪县的观音阁水库库区自流引水,经过输水管线及隧洞,将水引到本溪市的一项大型引水工程。本工程主要供水对象为本溪钢铁(集团)有限责任公司、本溪市市政自来水公司。

辽宁省观音阁水库输水工程设计输水规模为125万t/d。

(二)结构形式

辽宁省观音阁水库输水工程的工程等别为Ⅱ等,主要建筑物取水头部、电站为2级建筑物,输水隧洞、输水管道及其附属建筑物等根据输水流量为2~3级建筑物,次要建筑物为3~4级建筑物。取水头部设计洪水标准为100年一遇,校核洪水标准为1 000年一遇;其他建筑物根据输水流量和建筑物级别设计洪水标准采用20~30年一遇,校核洪水标准采用50~100年一遇。

本工程主要建筑物包括取水头部、输水隧洞、电站、输水管道、配水站及分支管线等工程。

本工程采用有压重力流和无压重力流相结合的输水方式，输水主线以无压隧洞输水为主，分支管线以有压重力流输水方式为主，分支管道最高压力为0.9 MPa。

辽宁省观音阁水库输水工程分为输水主干线和分支管线两部分。

输水线路主干线主要建筑物包括取水头部、头部隧洞、水电站、小汤河管线、主洞进口至大峪分洞起点间的输水隧洞、欢喜岭泵站等工程。

取水头部设在观音阁水库的左岸上游300 m处，观音阁水库建成时在左坝头已预留三层取水隧洞，隧洞底高程分别为204 m、220 m、236 m，各层取水隧洞已建成10.0 m，各洞口现均用钢门封堵，取水隧洞断面为圆形，洞径ϕ3.0 m；头部隧洞为有压隧洞，洞径3.6 m；小汤河段管线为2×DN2400预应力钢套筒混凝土管(简称PCCP)；主洞进口至大峪分洞起点间的输水隧洞为城门洞形，无压输水，隧洞断面尺寸为2.9 m×3.4 m(宽×高)。

隧洞围岩支护衬砌断面见图1-7。

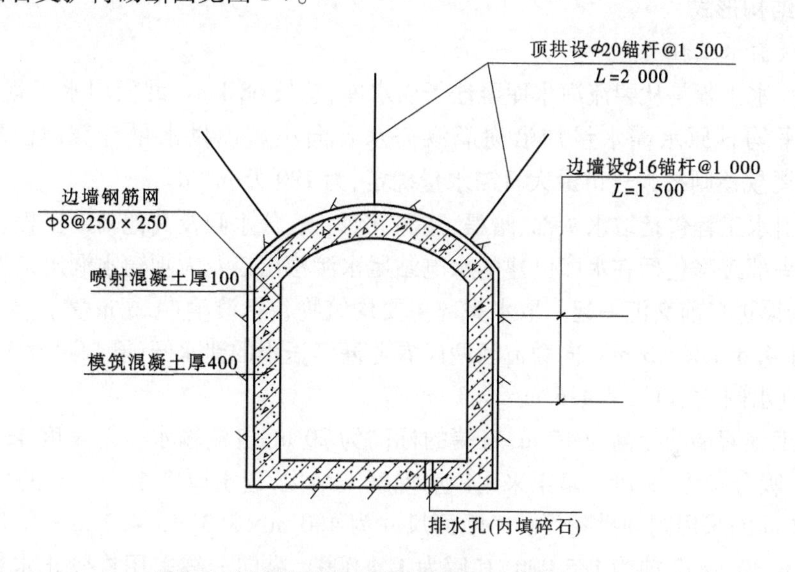

图1-7 隧洞围岩支护衬砌断面 (单位：mm)

分支管线包括大峪沟分支管线、本钢分支管线、北台分支管线等。

分支管线布置配水站2座：大峪配水站及北台配水站。

大峪沟分支为大峪沟主洞分水口至大峪配水站，由输水隧洞和输水管线组成。输水隧洞洞径ϕ3.0 m，为有压隧洞；隧洞出口至大峪配水站间输水管线采用钢管。

本钢分支管线为2×DN1200钢管，沿太子河堤防敷设。

北台分支管线为大峪分洞至北台钢厂接管点。其主要建筑物主要包括输水隧洞、输水管线。输水隧洞为无压隧洞，城门洞形断面，隧洞断面尺寸为2.4 m×2.8 m(宽×高)；无压隧洞后为2×DN1200 PCCP。

三、引碧入连工程

(一)工程概况

大连市由于境内没有大的河流，水资源短缺问题一直困扰着大连市，影响其经济的发展和人民生活水平的提高。20世纪70年代中期，大连市境内水资源已不敷应用，要紧急从离市区百余千米的碧流河水库调水。当时由于资金短缺，不能直接将碧流河水引入市内，采取了应急的办法，即将碧流河水库水通过13.5 km管道经两次加压，送入刘大水库，再经53 km大沙河河道流至洼子店。通过洼子店枢纽的提升泵站提水至洼子店水库，再经过两次加压送水至市内各净水厂。

20世纪80年代中期又上了第二期应急工程，通过两期应急工程，大连市供水能力由13万 m^3/d 增加至53万 m^3/d。20世纪80年代后期，大连市计委组织编制大连市供水规划，预测2000年大连市的需水量为120万 m^3/d。经国内外专家论证，新工程宜直接从碧流河水库引水。

大连市引碧入连工程包括两大部分：第一部分为北段引水工程从碧流河水库至洼子店水库，第二部分为南段引水工程从洼子店水库至市内各区。

（二）结构形式

1. 北段引水工程

北段引水工程是从碧流河水库至洼子店水库，总长68 km。北段引水工程规模，渠首按大连市平均日原水需水量加沿途灌溉需水及向小城镇供水量计算，规模为130万 m^3/d。渠尾规模则按大连市最大日需水量确定，为120万 m^3/d。

北段引水工程包括取水头部、暗渠、隧洞、倒虹吸、分水闸及其他辅助工程。

取水头部工程包括在水库已建的水电站尾水渡槽出口及大坝输水洞出口处各建渡槽一条，在暗渠进口前交汇一起。取水头部主要构筑物包括渡槽（4.6 m宽）、支墩、节制闸（孔口尺寸4.6 m×3.3 m），向碧流河两岸农业灌区送水的泄水闸（孔口尺寸1.5 m×1.5 m），以及进水闸（孔口尺寸4.6 m×3.3 m）等。

暗渠工程起端的标高为45 m，末端的标高为20 m，自流输水。总长度43.25 km，被隧洞、倒虹吸分隔为19段。暗渠采用钢筋混凝土结构，覆土厚度小于2 m的采用矩形断面，大于2 m的采用割圆拱断面。净断面尺寸为4.0 m×3.3 m～4.2 m×3.63 m。暗渠底坡在桩号30+647前为1/5 000，其后为1/4 000。纵向分缝采用橡胶止水带，每15 m一个。为保证工程安全运行，在暗渠全线布设了4个虹吸式溢流口、58个检查孔（兼作通气孔）、4个放空阀。

输水工程沿线共布设隧洞9座，总长度为15.8 km。最长隧洞为邱店洞，计长4 064 m，最短的为碧流河洞计长137 m。隧洞的输水方式为无压流，其断面尺寸为3.5 m×3.8 m～4.2 m×4.1 m，采用割圆拱。净空面积占19.4%～21.2%。衬砌采用钢筋混凝土结构，厚度根据围岩类别分别选定，为0.3～0.5 m。隧洞衬砌设缝，分隔长度约10 m。为了降低隧洞外水压力，在水面之上于直墙部位设排水孔。

总干渠通过河流和洼地时采用倒虹吸构筑物，全线共有9条，总长度为9 068 m。最长的八家子倒虹吸为2 076 m，最短的为184 m。倒虹吸采用钢筋混凝土结构，断面为内圆外城门洞形。内径为3.3～3.4 m。根据沿线地质条件，大部分倒虹吸坐落于基岩上，无须做基础处理。仅大沙河一处由于覆盖层较深且为软基并可能发生液化，所以进行基础处理。处理措施采用混凝土灌注桩及承台，将倒虹吸管身坐于承台上。倒虹吸管身进行分段，每段长度为15 m。

2. 南段供水工程

南段工程规模按市中心区、开发区、金州区及旅顺口区的需水量预测确定。2000 年需水量为平均 107 万 m^3/d，最大 123 万 m^3/d。原水需水量为平均 111 万 m^3/d，最大 128 万 m^3/d。南段输水工程按 120 万 m^3/d 计算，不足部分由市内小水库补充。

南段供水工程包括洼子店枢纽工程、输水工程、净水工程和配水工程。

洼子店枢纽工程主要由大沙河取水工程、洼子店水库及受水池、送水泵房三部分组成。修建应急工程时予以改扩建，提水能力达 63 万 m^3/d，送水能力为 53 万 m^3/d。在引碧工程建成之前，此枢纽的作用是利用提水泵站将大沙河水及通过引碧应急工程二次加压提升后放入大沙河河道的碧流河水库水在洼子店处提升入洼子店水库，送水泵站再由洼子店水库取水加压输送到市内各水厂；引碧工程建成后，在碧流河水库与洼子店之间通过引碧输水暗渠连接，送水泵站由受水池取水加压后送往市内，提升泵站此时的作用之一是在发生引碧输水渠道事故或检修时的备用设施，所以经引碧工程提水能力达 90 万 m^3/d，送水能力为 120 万 m^3/d。

输水工程包括从洼子店水库至市内的五条输水管道，四条直径为 900 mm，其中两条为铸铁管，另外两条为钢管；一条直径为 1 400 mm 的预应力钢筋混凝土管。五条管分别经李家屯隧洞（洞底标高 93.2 m）和刘家店隧洞（洞底标高 113 m）进入市内。其总输水能力为 53 万 m^3/d。新建工程的输水能力为 67 万 m^3/d。

净水工程包括大连市原有能力为 71 万 m^3/d 的 9 座净水厂以及本工程中新建 2 座净水厂，增加大沙沟水厂供水规模 18 万 m^3/d，金州水厂近期规模 7 万 m^3/d。

大连市区配水工程在大连市目前的 3 200 km 配水管道、总容积 13.5 万 m^3 高地水池的基础上进行改造扩建。

第三节 长距离引输水隧洞工程常见病害

随着材料科学的不断发展，水利水电工程建筑材料的使用也在不断地更替变化。长距离引输水隧洞工程体量巨大，洞身段需要大量的衬砌加固，混凝土为主要的建筑材料。然而，混凝土本身也存在很多缺点，在设计使用不当的情况下，可能导致混凝土建筑结构出现病害或缺陷。混凝土的抗压强度大，但是其抗拉强度却很低，而且混凝土属于脆性材料，在建筑结构出现受拉工况下，很容易因抗力不足而出现裂缝等病害缺陷。混凝土的硬化反应是一个放热的过程，在大体积混凝土浇筑施工中必须给予关注，并采取相应的降温措施，否则容易出现混凝土结构开裂的现象。

在长距离引输水隧洞工程中，由于隧洞所处的自然环境相对较差，受力复杂，在各种荷载作用下易造成结构强度破坏，出现裂缝或渗漏等病害。根据辽宁省在 2007 年和 2009 年开展的水利工程混凝土缺陷检测的基础上，结合长距离引输水隧洞的病害类型特点，进行了分类梳理总结，并从现象上对隧洞混凝土结构出现病害缺陷的类型归纳为裂缝、渗漏、剥蚀和碳化四种形式。

一、裂缝

裂缝是水工隧洞混凝土建筑物最普遍、最常见的病害之一，是混凝土结构劣化病变的宏观体现。混凝土裂缝主要由混凝土抗拉强度低以及材料的脆性而造成的。在辽宁地区水工混凝土建筑结构病害缺陷调查过程中发现,裂缝在各类水工混凝土建筑物中普遍存在。由于水工混凝土裂缝形成的原因很多,大致可以从成因、开度变化和裂缝深度三个方面进行分类,按成因可以分为温度裂缝、干缩裂缝、沉降裂缝等,按开度变化可以分为稳定裂缝、张合裂缝、扩展裂缝等,按裂缝深度可以分为表层缝、深层缝和贯穿缝等。

裂缝的形成往往是多种因素共同作用的结果,但是在引起裂缝的各种因素中必然有主次之分,只有查清裂缝类别后才能正确选用相应的技术处理措施,从而准确的达到修补效果。

在长距离引输水隧洞工程中,混凝土结构出现裂缝的原因大致可以分为以下几个方面:

(1)材料因素。例如水泥选择不当、骨料级配不良、外加剂及掺合料品种选择不当等。

(2)设计因素。例如配合比设计中水灰比过大、结构断面设计不合理出现应力集中现象、结构设计中钢筋用量或钢筋直径选择不合理、设计时未能考虑混凝土温度应力和收缩变形等因素。

(3)施工因素。例如浇筑顺序不合理、振捣不足、跑模漏浆、浇筑温度控制差、分缝分块不恰当、养护措施不到位等。

(4)运行管护因素。例如超负荷运行使用、运行管理不科学等。

(5)环境因素。例如基岩变形、酸碱盐类物质的侵蚀、地震等。

二、渗漏

渗漏是水工隧洞老化病害的一种表现形式,渗漏会使隧洞内部产生较大的渗透压力和浮托力,甚至危及隧洞的稳定性与安全。渗漏还会引发溶蚀、侵蚀、钢筋锈蚀等病害,加速混凝土结构老化,缩短隧洞的使用寿命。同时,渗漏会导致水量损失,影响经济效益和社会效益。

按照渗漏的几何形态,可把渗漏分为点渗漏、线渗漏和面渗漏三种。

(1)点渗漏是指不连续、无规律的渗漏现象,主要表现形式为孔洞渗漏水。

产生点渗漏的原因主要有:混凝土施工不当造成的孔洞、模板对穿螺孔及其他孔眼未及时封堵或封堵不当引起的渗漏,钢筋锈蚀引起的渗漏,穿墙管等细部构造留设处理不当引起的渗漏,以及二次施工或装修施工不慎,破坏了原防水层造成的渗漏等。

(2)线渗漏是指连续的或有一定规律的,并以缝漏作为其主要表现形式的渗漏现象。线渗漏可分为病害裂缝渗漏和变形缝渗漏两种。

产生线渗漏的原因主要有:变形缝防水设计、施工不合理;止水铜片、止水带等材料质量不佳或由于老化等引起的止水失效;未按施工规范要求留设施工缝造成施工缝渗漏;混凝土配合比不当或结构变形、温度应力造成混凝土裂缝产生渗漏;不同材质间接缝防水处理不当产生的渗漏。

(3)面渗漏是指混凝土大面积潮湿和微渗水,俗称冒汗,其实质是混凝土结构整体防渗体系的缺陷,此类缺陷影响较大,直接进行防护修补处理比较困难。

渗漏对长距离引输水隧洞的危害很大,其一是渗漏会使混凝土产生溶蚀破坏。所谓溶蚀,即渗透水对混凝土产生溶出性侵蚀。渗漏会将混凝土中的氢氧化钙溶出冲走,在混凝土外部形成白色碳酸钙结晶。这样就破坏了水泥其他水化产物稳定存在的平衡条件,从而引起水化产物的分解,导致混凝土性能的下降。其二是渗漏会引起并加速其他病害的发生和发展。当环境水对混凝土有侵蚀作用时,由于渗漏会促使环境水侵蚀向混凝土内部发展,从而增加破坏的深度与广度;对于钢筋混凝土结构,渗漏还会加速钢筋锈蚀等。

三、剥蚀

冲刷与空蚀、钢筋锈蚀及水质侵蚀三种破坏是引起隧洞混凝土剥蚀破坏的主要形式。冲刷破坏是水工混凝土建筑物较常见的破坏形式之一,尤其是隧洞出口段等过流部位很容易造成冲刷破坏。钢筋锈蚀产生的膨胀应力会导致钢筋保护层混凝土开裂、剥落,保护层的剥落又会进一步加速钢筋锈蚀,最终导致结构承载能力和稳定性的降低。水质侵蚀引起混凝土剥蚀破坏,从总体上看,都是可溶性侵蚀介质随着水渗透扩散到混凝土中,再与混凝土中水泥水化产物或其他组分发生化学反应,生成膨胀性产物或溶解度较大的反应产物,从而使混凝土产生胀裂剥蚀或溶出性剥蚀,最终导致混凝土强度降低。

四、碳化

混凝土的碳化过程,实际上是空气中的酸性气体CO_2对混凝土的侵蚀过程,也可以称其为中性化过程。一般水泥混凝土,由于水化反应生成了大量的$Ca(OH)_2$,因此混凝土内部呈较强的碱性,pH 值达 13 以上。这种碱性介质对混凝土中的钢筋有良好的保护作用,使钢筋表面生成难溶的Fe_2O_3和Fe_3O_4,称为钝化膜。由于CO_2在混凝土毛细孔中的不断侵蚀扩散,与混凝土中的$Ca(OH)_2$反应而生成$CaCO_3$,使混凝土的碱性逐步降低。当混凝土中的 pH 值下降至 11.5 以下时,就可能使混凝土失去对钢筋的保护作用,从而形成钢筋混凝土结构中钢筋的锈蚀,以及由钢筋锈蚀产生的体积膨胀,造成混凝土保护层的剥落。这一结果将对钢筋混凝土结构的安全运行造成潜在的威胁。

影响混凝土碳化的因素是多方面的,主要包括环境、原材料、施工操作等因素。

(1)环境因素:无压隧洞中充满水和空气,潮湿空气中所含的CO_2是影响混凝土碳化的主要原因,当周围介质为干燥和饱和水环境时,碳化反应几乎终止。此外,在渗透水经过的混凝土时,石灰的溶出速度还将取决于水中是否存在影响$Ca(OH)_2$溶解度的物质,如水中含有Na_2SO_4及少量Mg^{2+},石灰的溶解度就会增加;如水中含有$Ca(HCO_3)_2$和$Mg(HCO_3)_2$对抵抗溶出侵蚀则十分有利,因为它们可以在混凝土表面形成一种碳化保护层。

(2)原材料因素:①水泥品种。不同的水泥中所含硅酸钙和铝酸钙盐基性高低不同。矿渣硅酸盐水泥和粉煤灰硅酸盐水泥中的掺合料含有活性氧化硅和活性氧化铝,它们和氢氧化钙结合形成具有胶凝性的活性物质,降低了混凝土的碱度,因而加速了混凝土表面形成碳酸钙的进程,故而碳化速度较快。而相对来说,普通硅酸盐水泥碳化速度慢。②骨料。如骨料中粉料含量过多,则碳化速度加快。③水灰比。水灰比小的混凝土由于水泥浆的组织密实,透气性小,碳化速度较慢。④外加剂。混凝土外加剂中含有氯化物,易加速碳化和加剧钢筋的腐蚀速度。

(3)施工操作。混凝土浇筑时,振捣不密实、养护方法不当、养护时间不足会造成混凝土内部毛细孔道粗大,使水、空气、侵蚀性化学物质进入混凝土内部,加速混凝土的碳化和钢筋腐蚀。

此外,混凝土的渗透系数、透水量、混凝土附近水的更新速度、水流速度、结构尺寸、水压力等均与混凝土的碳化有密切的关系。

第四节 长距离引输水工程隧洞试验检测的主要内容

一、隧洞试验检测的目的和意义

(一)长距离引输水工程隧洞施工试验检测的目的

(1)隧洞施工质量控制的需要。

(2)隧洞工程竣工验收评定工作中的重要环节。

(二)长距离引输水工程隧洞施工试验检测的意义

(1)提高工程质量。

(2)加快工程进度。

(3)降低工程造价。

(4)提高养护水平。

(5)推动隧洞施工技术进步。

二、隧洞试验检测的主要内容

(一)试验技术

试验技术包括混凝土配合比试验研究、进排气阀性能测试试验研究和隧洞竖井投料还原试验研究3部分内容。

混凝土配合比试验研究主要内容包括:通过大直径隧洞围岩初衬用喷射混凝土配合比回弹率试验分析,提出配合比优化设计及降低原材料浪费的综合评价分析结果;提出掺加无碱液体速凝剂的喷射混凝土相对于掺加有碱液体速凝剂的喷射混凝土具有强度损失率低、施工中粉尘含量少和有效提高耐久性等优点;提出抗冻混凝土配合比设计中的抗冻性的相对动弹性模量的标准值。

进排气阀性能测试试验研究主要内容包括进排气阀性能测试装置的研发设计,模拟长距离输水过程中出现的多种不利工况(尤其是水气相间工况),完成进排气阀主要工作性能的测试试验,主要包括水气相间时的排气性能,大量排气时的起球压力,进排气阀有无吸气功能。

隧洞竖井投料还原试验研究的主要内容为研究竖井投料后混凝土拌和物中粗细骨料自身参数指标及硬化后混凝土物理力学性能等的变化,提出竖井投料还原试验分析方法。通过还原试验研究不同深度条件下竖井投料对混凝土骨料、混凝土拌和物工作性、混凝土中骨料级配以及硬化混凝土性能的影响,为竖井投料施工技术的应用提供依据。

（二）检测技术

检测技术包括原材料和中间产品检测、工程实体质量检测和新型隧洞检测装置研发3部分内容。

原材料和中间产品检测包括水泥、粉煤灰、钢材等原材料和粗细骨料、拌和用水等中间产品的检测技术。

工程实体质量检测包括混凝土抗压强度检测技术、混凝土抗冻性能检测技术、混凝土抗渗性能检测技术、混凝土内部质量检测技术、混凝土衬砌厚度检测技术、锚杆质量检测技术和隧洞断面尺寸检测技术等。

新型隧洞检测装置研发包括混凝土原状样干钻法采集装置、移动式隧洞全断面综合检测装备和喷射混凝土取样技术。

第二章 试验技术

第一节 混凝土配合比试验研究

混凝土配合比试验研究主要内容包括：

(1)通过大直径隧洞围岩初衬用喷射混凝土配合比回弹率试验分析，提出配合比优化设计及降低原材料浪费的综合评价分析结果。

(2)提出掺加无碱液体速凝剂的喷射混凝土相对于掺加有碱液体速凝剂的喷射混凝土具有强度损失率低、施工中粉尘含量少和有效提高耐久性等优点。

(3)提出抗冻混凝土配合比设计中的抗冻性的相对动弹性模量的标准值。

一、喷射混凝土配合比技术

(一)喷射混凝土分类

喷射混凝土是将一定比例的水泥、骨料和速凝剂拌和均匀，利用喷射机械，通过管路压送至喷嘴处，与水混合喷射至受喷面上，凝结硬化形成一种混凝土支护结构。按施工机械的不同，可分为干法喷射混凝土和湿法喷射混凝土两种。

(1)干法喷射混凝土施工工艺是将水泥和骨料搅拌混合均匀后运至喷射机处再添加速凝剂，然后从一个喷嘴喷射出，同时从另一个喷嘴喷射水，以较高速度喷射到岩面上，其工艺流程如图 2-1 所示。该工艺施工时粉尘大，喷射回弹率大，工作条件恶劣。

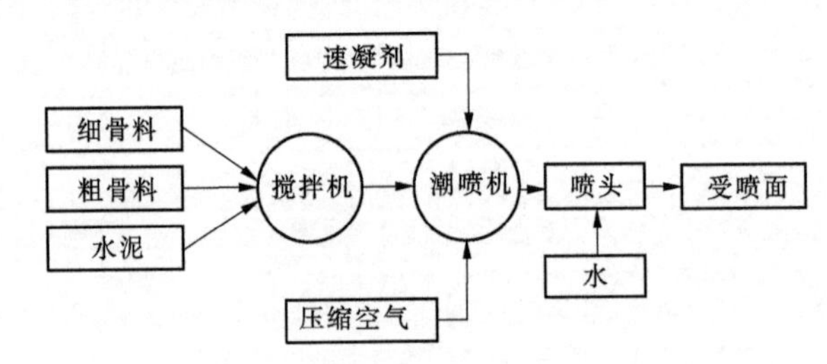

图 2-1 干法喷射混凝土施工工艺流程

(2)湿法喷射混凝土施工工艺是预先在搅拌机内将所有材料搅拌均匀，与常规混凝土搅拌相同，用湿式喷射机将拌和好的混凝土混合料压送到喷头处，再在喷头上添加速凝剂后喷出，利用压缩空气冲击成型。其工艺流程如图 2-2 所示。湿法喷射混凝土施工中粉尘、回弹率均明显小于干法喷射混凝土，并能获得较好的施工质量，同时改善了施工环境。

(二)干法喷射混凝土与湿法喷射混凝土的差异

1. 回弹率

回弹率一般是在工地现场测试，即按结构划分或找一施工段侧墙或顶面进行试验，在

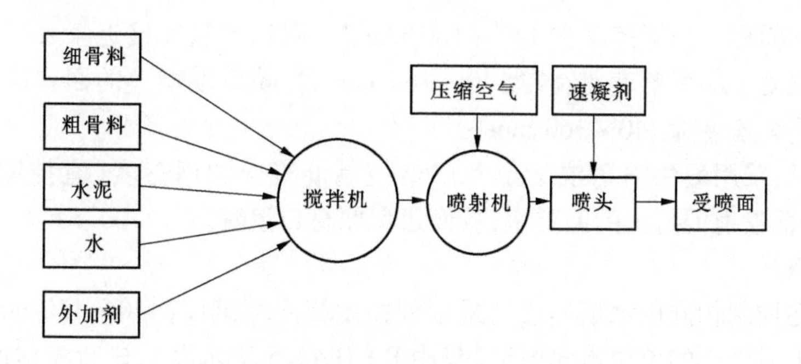

图 2-2 湿法喷射混凝土施工工艺流程

地上铺设帆布(以尽量不丢失回弹料为宜),然后喷射一定体积或重量的混凝土,将落到地面的混凝土收集并称重,落到地面混凝土重量占总喷射混凝土重量的比例就是喷射混凝土回弹率。在喷射混凝土施工中回弹率是一个重要的经济指标。

在大伙房输水(一期)工程进行现场试验,该工程隧洞洞径 8.00 m,属大断面隧洞,采用喷射混凝土做隧洞开挖支护。通过试验,干法喷射混凝土与湿法喷射混凝土的回弹率试验结果见表 2-1。

表 2-1 干法喷射混凝土与湿法喷射混凝土的回弹率试验结果

序号	混凝土强度等级	喷射工艺	坍落度(mm)	回弹率(%)			
				1	2	3	均值
1	C20	干法喷射	180 ± 20	19.8	17.3	20.7	19.3
2	C25			16.7	17.4	15.3	16.5
3	C20	湿法喷射		11.2	10.8	9.4	10.5
4	C25			9.4	6.8	8.7	8.3

由表 2-1 可知,在强度等级和坍落度相同的条件下,湿法喷射混凝土的回弹率是干法喷射混凝土的 50% ~55%。说明湿法喷射混凝土明显降低原材料的浪费。

不同坍落度对湿法喷射混凝土回弹率的影响的试验结果见图 2-3。

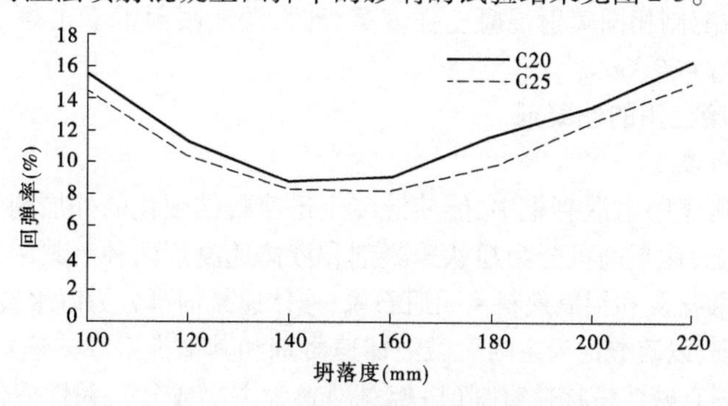

图 2-3 坍落度对回弹率的影响

由图 2-3 可知,随着坍落度的增加,湿法喷射混凝土的回弹率先降低后增加,坍落度在不同的区间时,喷射混凝土的回弹率有明显的变化,坍落度过大或过小都会增加湿法喷射混凝土的回弹率。当坍落度在 140 ~ 160 mm 时,回弹率基本接近于最低值;从而说明当湿法喷射混凝土的坍落度控制在 140 ~ 160 mm 时,喷射混凝土的回弹率最低,即喷射混凝土的最优坍落度为 140 ~ 160 mm。

由此可见,采用湿法喷射混凝土和严格控制混凝土的坍落度(宜控制在 140 ~ 160 mm),明显降低喷射混凝土的回弹率,从而避免原材料浪费。

2. 抗压强度

本试验在控制相同用水量和通过减水剂控制相同坍落度(140 ~ 160 mm)的条件下,调整每立方米混凝土的单位水泥用量(采用 P·O 42.5 级水泥),进行喷射混凝土抗压强度试验。每立方米喷射混凝土不同水泥用量对喷射混凝土抗压强度影响的试验结果见图 2-4。

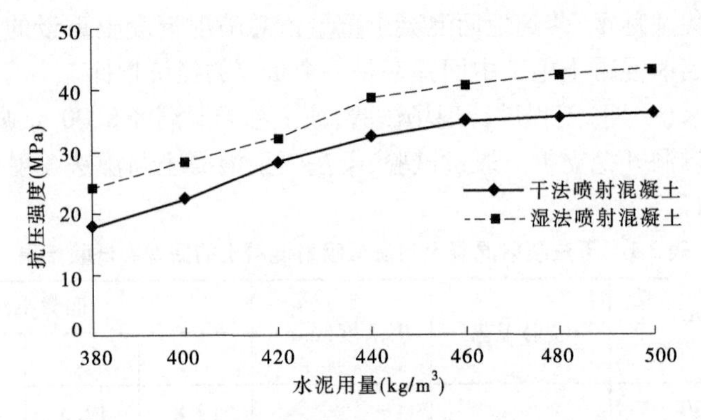

图 2-4 水泥用量对喷射混凝土抗压强度的影响

由图 2-4 可知,随着水泥用量的增加,混凝土的抗压强度不断增加,但当水泥用量达到 460 kg/m^3 以后,无论是干法喷射混凝土还是湿法喷射混凝土的抗压强度都没有显著增长;在相同的水泥用量条件下,湿法喷射混凝土的抗压强度明显高于干法喷射混凝土。由试验可知,当采用 P·O 42.5 级水泥配制干法喷射混凝土时,混凝土最高配制强度等级只能达到 C25,无论怎么提高水泥用量也不能再提高混凝土的等级;而采用湿法喷射混凝土时,混凝土的配制强度等级能达到 C35。

由此可见,在配制相同喷射混凝土强度等级时,湿法喷射混凝土更节约水泥用量,但水泥用量不宜超过 460 kg/m^3。

(三)喷射混凝土用的速凝剂

1. 速凝剂的种类

速凝剂是指用于喷射混凝土中,能使混凝土迅速凝结硬化的外加剂。

按产品的形态,速凝剂可分为粉状速凝剂和液体速凝剂两种。其中,粉状速凝剂可分为铝氧熟料 - 碳酸盐类和铝氧熟料 - 明矾石系;液体速凝剂可分为以水玻璃(硅酸钠)为主的碱性液体速凝剂、以硫酸铝为主的无碱液体速凝剂和其他类型液体速凝剂。现阶段国内主要使用的速凝剂有碱性粉状速凝剂(以铝氧熟料为主要成分)、碱性液体速凝剂(以水玻璃为主要成分)和无碱液体速凝剂(以硫酸铝为主要成分);其中,碱性液体速凝剂使混凝土的后期强度和抗渗性能有一定程度的降低,而无碱液体速凝剂可以很大程度地提高混凝土的后期强度和抗渗性能,并且对人体皮肤不造成损伤,因此在水利工程中开始被广泛应用。

2. 速凝剂基本性能分析

选择粉状碱性速凝剂(以铝氧熟料为主要成分)、碱性液体速凝剂(以水玻璃为主要成分)和无碱液体速凝剂(以硫酸铝为主要成分)进行试验研究,为选择喷射混凝土用的速凝剂提供参考。不同品种速凝剂性能试验结果见表2-2。

表2-2　不同品种速凝剂性能试验结果

速凝剂品种			碱性粉状速凝剂	碱性液体速凝剂	无碱液体速凝剂
掺量(%)			4	3	7
水泥净浆试验	凝结时间(min:s)	初凝	3:17	3:08	3:12
		终凝	5:51	5:48	6:09
	1 d抗压强度(MPa)		13.0	12.1	11.9
	28 d抗压强度比(%)		78	82	102
C25混凝土试验	1 d抗压强度(MPa)		11.4	12.8	11.3
	28 d抗压强度比(%)		76	81	95
	混凝土回弹率(%)		14.5	7.6	7.8
总碱量(%)			5.7	3.9	0.35

由表2-2可知,当速凝剂凝结时间基本相同时,速凝剂的掺量由小至大为碱性液体速凝剂、碱性粉状速凝剂、无碱液体速凝剂。其中,三种速凝剂的砂浆和混凝土的1 d抗压强度差异较小,粉状速凝剂最高;28 d抗压强度比由大至小为无碱液体速凝剂、碱性液体速凝剂、碱性粉状速凝剂,但无碱液体速凝剂的砂浆28 d抗压强度比达到102%,混凝土28 d抗压强度比达到95%。液体速凝剂的回弹率明显低于碱性粉状速凝剂。速凝剂的总碱量由低至高为无碱液体速凝剂、碱性液体速凝剂、碱性粉状速凝剂;当混凝土中骨料存在疑似碱活性或碱活性骨料时,应选择无碱液体速凝剂,不得选用碱性速凝剂。

由此可见,在喷射混凝土中宜优先选用无碱液体速凝剂,不但可以保证混凝土后期的强度,而且降低了混凝土的回弹率,还能保证混凝土的长期耐久性。

3. 速凝剂初凝时间对喷射混凝土回弹率的影响

按照标准《喷射混凝土用速凝剂》(JC 477—2005)的方法进行速凝剂凝结时间试验,再依据混凝土初凝时间进行喷射混凝土回弹率试验。速凝剂初凝时间对喷射混凝土回弹率的影响的试验结果见图2-5。

由图2-5可知,随着速凝剂凝结时间的增加,喷射混凝土的回弹率先降低后增加;当干法喷射混凝土用的速凝剂初凝时间控制在120~180 s时,喷射混凝土的回弹率相对较低;当湿法喷射混凝土用的速凝剂初凝时间控制在180~240 s时,喷射混凝土的回弹率相对较低。

由此可见,为了降低喷射混凝上的材料浪费,丁法喷射混凝上用的速凝剂最佳初凝时间为120~180 s,湿法喷射混凝土用的速凝剂初凝时间为180~240 s。

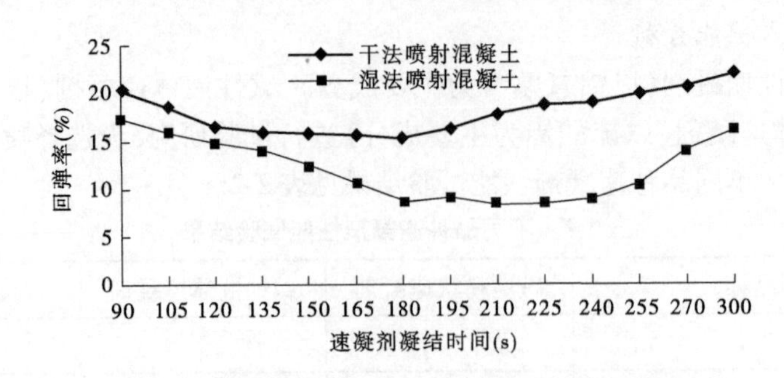

图 2-5 速凝剂初凝时间对喷射混凝土回弹率的影响

(四)粉煤灰对喷射混凝土的影响

1. 粉煤灰对凝结时间的影响

按照标准《喷射混凝土用速凝剂》(JC 477—2005)的方法进行速凝剂凝结时间试验,不同粉煤灰掺量下对水泥净浆的凝结时间试验结果见表 2-3。

表 2-3 不同粉煤灰掺量下对水泥净浆的凝结时间试验结果

粉煤灰掺量(%)		0	5	10	15	20	25	30
粉状速凝剂	初凝时间(min:s)	3:09	3:18	3:49	3:58	4:31	4:52	5:40
	终凝时间(min:s)	5:48	6:07	6:42	7:28	8:01	9:15	11:16
无碱液体速凝剂	初凝时间(min:s)	3:13	3:21	3:44	4:08	4:47	5:12	6:10
	终凝时间(min:s)	5:56	6:01	6:33	7:04	7:55	8:48	10:34

由表 2-3 可知,随着粉煤灰掺量的增加,速凝剂的凝结时间不断增加,当粉状速凝剂的粉煤灰掺量达到 30% 时,初凝的凝结时间大于 5 min,凝结时间不能满足标准要求(不大于 5 min);当无碱液体速凝剂的粉煤灰掺量达到 25% 时,凝结时间不能满足标准要求。由凝结时间试验可知,碱性粉状速凝剂的粉煤灰的最大掺量为 25%,无碱液体速凝剂的粉煤灰的最大掺量为 20%。

2. 粉煤灰掺量对喷射混凝土强度的影响

粉煤灰不同掺量对干法喷射混凝土和湿法喷射混凝土强度的影响试验结果见图 2-6 和图 2-7。

由图 2-6 和图 2-7 可知,随着粉煤灰掺量的增加,喷射混凝土的抗压强度先增加后降低。在干法喷射混凝土中当粉煤灰掺量为 10% 时,混凝土抗压强度达到最高值;当粉煤灰掺量达到 20% 时,混凝土抗压强度基本接近不掺加粉煤灰混凝土的抗压强度;当粉煤灰掺量超过 20% 时,混凝土抗压强度就会低于不掺加粉煤灰混凝土的抗压强度。在湿法喷射混凝土中当粉煤灰掺量为 15% 时,混凝土抗压强度达到最高值;当粉煤灰掺量达到 25% 时,混凝土抗压强度基本接近不掺加粉煤灰混凝土的抗压强度;当粉煤灰掺量超过 25% 时,混凝土抗压强度就会低于不掺加粉煤灰混凝土的抗压强度。

3. 粉煤灰掺量对喷射混凝土回弹率的影响

粉煤灰不同掺量对干法喷射混凝土和湿法喷射混凝土回弹率的影响的试验结果见

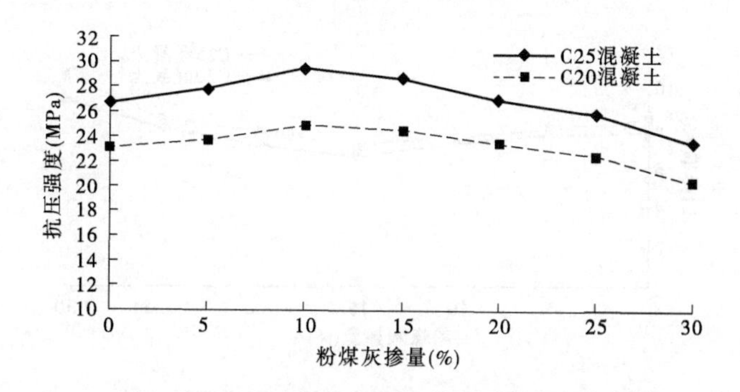

图 2-6　粉煤灰掺量对干法喷射混凝土强度的影响

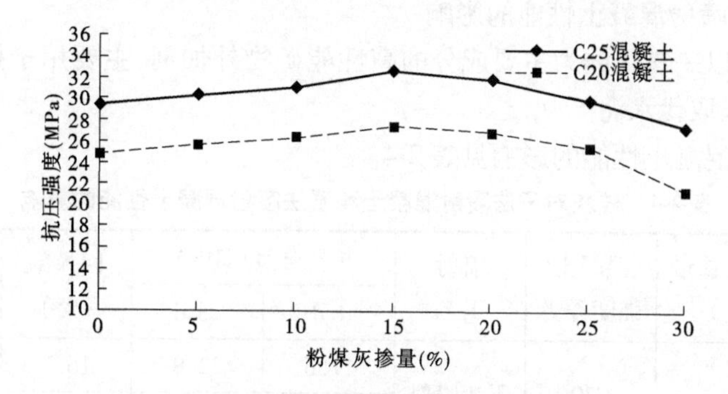

图 2-7　粉煤灰掺量对湿法喷射混凝土强度的影响

图 2-8和图 2-9。

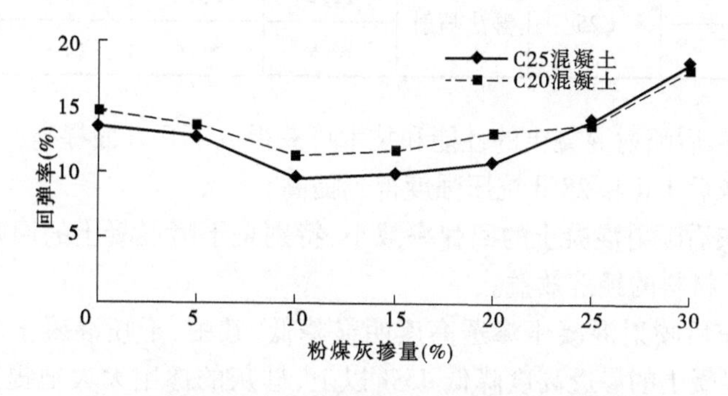

图 2-8　粉煤灰对干法喷射混凝土回弹率的影响

由图 2-8 和图 2-9 可知，随着粉煤灰掺量的增加，喷射混凝土的回弹率先降低后增加。在干法喷射混凝土中当粉煤灰掺量为 10% 时，混凝土回弹率达到最低值；当粉煤灰掺量达到 25% 时，混凝土回弹率大于不掺加粉煤灰混凝土的回弹率。在湿法喷射混凝土中当粉煤灰掺量为 15% 时，混凝土回弹率达到最低值；当粉煤灰掺量达到 25% 时，混凝土回弹率大于不掺加粉煤灰混凝土的回弹率。

综上，适量的粉煤灰掺量不但能提高喷射混凝土的抗压强度、降低喷射混凝土的回弹率，还能降低喷射混凝土的经济成本。总体上看，粉煤灰在干法喷射混凝土中最佳掺量为 10%，最大掺量应控制在 20%；粉煤灰在湿法喷射混凝土中最佳掺量为 15%，最大掺量应控制在 25%。

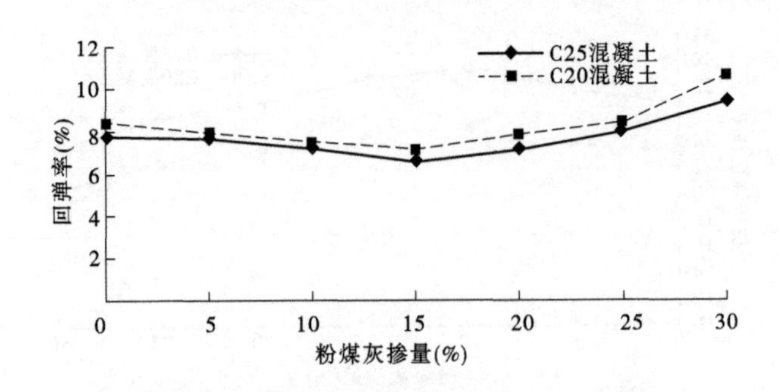

图 2-9 粉煤灰对湿法喷射混凝土回弹率的影响

(五)硅灰对喷射混凝土性能的影响

硅灰是一种以二氧化硅为主要成分的高性能矿物外加剂,主要用于提高混凝土强度和耐久性,并可以取代水泥。

硅灰对喷射混凝土性能的影响见表 2-4。

表 2-4 硅灰对干法喷射混凝土和湿法喷射混凝土性能的影响

序号	硅灰的掺量(%)	混凝土强度等级	喷射工艺	抗压强度(MPa)		回弹率(%)	渗透高度(cm)
				1 d	28 d		
1	0	C20	干法喷射	11.6	22.8	16.7	12.2
2	5			14.5	26.7	9.1	6.2
3	0	C25	湿法喷射	11.2	28.1	7.9	9.5
4	5			13.9	31.6	6.3	5.1

通过掺加硅灰后喷射混凝土的性能和技术可获得以下几方面提高:

(1)掺加硅灰后 1 d 和 28 d 抗压强度得到提高。

(2)掺加硅灰后喷射混凝土的回弹率减小,特别是干喷混凝土的回弹率降低了 45% 左右,从而提高了材料的经济效益。

(3)掺加硅灰后喷射混凝土渗透高度明显降低,其中,干喷混凝土的渗透高度降低 50% 以上,湿喷混凝土的渗透高度降低 45% 以上,硅灰的掺用大大地提高了混凝土的抗渗性,从而提高了喷射混凝土的耐久性。

(六)结论

通过试验研究和工程实践,为了降低喷射混凝土的回弹率、降低原材料的浪费,改善喷射混凝土的施工环境,提高喷射混凝土后期的抗压强度和耐久性,提出喷射混凝土质量控制的关键技术如下:

(1)喷射混凝土施工工艺应优选湿法喷射,可以降低喷射混凝土的回弹率,降低施工时的粉尘,改善工作环境。

(2)原材料控制关键技术如下:

①应掺入适量矿物掺合料粉煤灰和硅灰;粉煤灰的掺量宜控制在 15%,最大掺量不应大于 25%。掺入粉煤灰和硅灰可以降低喷射混凝土的回弹率,提高混凝土前期强度和

耐久性，保证混凝土后期强度。

②应优先选用无碱液体速凝剂，速凝剂的初凝时间宜控制在180~240 s。优选无碱液体速凝剂和速凝剂的初凝时间，可以显著提高混凝土前期和后期强度以及混凝土的抗渗性，并避免对人体伤害；同时也可以降低混凝土的回弹率。

(3)混凝土控制关键技术如下：

①水泥的最大用量不宜大于460 kg/m^3，当水泥用量大于460 kg/m^{3}以后，喷射混凝土的抗压强度几乎没有增加。

②混凝土的坍落度宜控制在140~160 mm，过大或过小的坍落度都会增加喷射混凝土的回弹率，从而增加了原材料的浪费。

二、抗冻混凝土配合比技术

(一)混凝土抗冻性

混凝土抗冻性是指混凝土饱和吸水后抵抗反复冻融循环的性能，是混凝土耐久性的一项重要指标，在有的工程中不产生冻融也使用抗冻性指标来控制和提高混凝土的耐久性；如大伙房引输水工程中隧洞衬砌混凝土提出了抗冻指标来提高混凝土的耐久性。混凝土的抗冻等级用(F)表示。

1. 混凝土冻融破坏机制

对于混凝土冻融破坏机制，美国学者T. C. Powers的水压力理论和渗透压理论最为精湛。水压力理论认为冻害是由于混凝土内部孔缝中水结冰，产生压力，使水移动；水在移动过程中产生液体压力。其理论证明有以下几点：

(1)结冰是从温度低的表层开始，表层混凝土中毛细管水先结冰。

(2)伴随着水分结冰而发生膨胀，挤压未结冰的水分，向未受冻的混凝土内部移动。

(3)向内部流动的水，通过微孔的过程中发生黏性阻力，形成水的压力梯度，这种水的移动压力超过混凝土的抗拉强度，混凝土就会产生劣化。

当混凝土的组织致密、透水性低，冻结速度越快；冻结水量越多，移动水的压力就会越大，产生的破坏就越严重。这种机制说明了引气缓和了水流压力，有效地防止了冻害。而水压力的缓和与水的移动距离(气泡间距)和气泡间隔系数间的关系是十分重要的。

这个理论说明了伴随着冻结温度的降低，劣化继续进行。但它并不是说明，即使温度在0 ℃下也持续膨胀，而混凝土也没有产生劣化。因此，之后对该理论进行了修正，增加了“毛细管中水分冻结后，凝胶水向冻晶方向扩散”的内容，也就是说，必须注意到结冰形成时，一部分水泥石产生膨胀，另一部分水泥石由于C－S－H凝胶失水会产生收缩。要考虑到这两部分的叠加作用。

关于水分扩散移动的作用，从未冻结内部向冻结表层移动和扩散，是其重要的观点。

2. 影响混凝土抗冻性的主要因素

1)水胶比

混凝土的水胶比越大，毛细管越多，吸水率越大，在冻融过程中产生的膨胀压力和渗透压力就越大，其抗冻性就越差。在许多规范中对有抗冻要求的混凝土的最大水胶比做了规定。在《水工建筑物抗冰冻设计规范》(DL/T 5082—1998)中规定，大中型工程抗冻混凝土的材料和配合比均应通过试验确定;小型工程抗冻混凝土的配合比,宜根据混凝土抗冻等级按表 2-5 选用水胶比。

表 2-5 小型工程抗冻混凝土水胶比要求

抗冻等级	F50	F100	F150	F200	F300
水胶比	<0.58	<0.55	<0.52	<0.50	<0.45

2)混凝土外加剂

由混凝土抗冻破坏机制可知,混凝土中掺入引气型外加剂,使混凝土产生无数微小的、封闭的气泡,使混凝土具有缓解冻融中产生的膨胀压力和渗透压力的作用,从而大大地提高混凝土的抗冻性;但混凝土的含气量超过 2% 以后,混凝土的含气量每增加 1%,抗压强度下降 3% ~5%,在水利工程中混凝土的含气量通过抗冻试验确定。在水利工程中要求抗冻混凝土必须掺加引气型外加剂,其中骨料最大粒径所对应的含气量的参考数据见表 2-6。

表 2-6 掺加引气型外加剂的混凝土含气量

最大骨料粒径(mm)		20	40	80	150(120)
含气量(%)	≥F200 混凝土	5.5	5.0	4.5	4.0
	≤F150 混凝土	4.5	4.0	3.5	3.0

3)掺合料

在现代混凝土工程中都采用粉煤灰、矿粉、硅灰等掺合料,这些掺合料对混凝土的抗冻性有一定的影响,如粉煤灰对混凝土抗冻性的影响与粉煤灰的品质、掺量和引气型外加剂的掺量有关。研究表明,选用优质的粉煤灰,并保证混凝土具有一定的含气量,混凝土也具有较高的抗冻性。混凝土中掺入适当的硅灰,显著改善混凝土的孔结构,有利于抗冻所需要的气泡参数的改善,从而提高混凝土的抗冻性。

3. 提高混凝土抗冻性的措施

1)严格控制水胶比

水胶比(或水灰比)是影响混凝土密实度的主要因素,因此为了提高混凝土抗冻性,必须降低混凝土的水胶比,其中最有效的方法是掺入减水剂或引气型减水剂。在水利工程中对混凝土的最大水胶比进行了限定,其限值见表 2-7。

表 2-7 水胶比最大允许值

部位	严寒地区	寒冷地区	温和地区
上、下游水位以上(坝体外部)	0.50	0.55	0.60
上、下游水位变化区(坝体外部)	0.45	0.50	0.55
上、下游最低水位以下(坝体外部)	0.50	0.55	0.60
基础	0.50	0.55	0.60
内部	0.60	0.65	0.65
受水流冲刷部位	0.45	0.50	0.50

2）掺用外加剂

引气剂和引气型减水剂均能提高混凝土的抗冻性。混凝土中掺入适当引气剂或引气型减水剂，混凝土中引入了均匀的、微小的、封闭的气泡，从而提高混凝土的抗冻性。掺引气剂或引气型减水剂是提高混凝土抗冻性的主要措施，在水利工程中有抗冻要求的混凝土必须掺加引气剂或引气型减水剂。

（二）不同品种引气剂对混凝土性能影响的差异

随着混凝土的耐久性被日益重视，引气剂的研究应用成为外加剂领域的一个热点。水工混凝土都经常或周期性地受环境水的作用，在水工混凝土中掺入引气剂，提高混凝土抗冻、抗渗、抗碳化等耐久性具有不可替代的作用。在北方地区，为了更好地提高混凝土的抗冻性，都需要掺入引气型外加剂，其中引气剂是该类外加剂的主要成分之一。在现阶段，引气剂的品种繁多，其性能指标也参差不齐，为了更好地应用引气剂，我们进行引气剂对混凝土性能影响的研究，为引气剂的选择和应用提供参考。

1.引气剂的品种及选择

1）松香皂及松香类

松香与苯酚、硫酸和氢氧化钠以一定比例在加热条件下制成。目前在国内水工混凝土最常用的引气剂，主要有松香酸钠、改性松香热聚物、松香酸盐等，研究选用的是改性松香热聚物。

2）烷基苯磺酸盐类

工业上是用廉价的石油化学制品丙烯为原料，使其聚合成丙烯四聚体，再与苯反应，则得到十二烷基的复杂混合物。主要有十二烷基苯磺酸钠、十二烷基硫酸钠等，研究选用的是十二烷基硫酸钠。

3）皂角苷类

皂角苷类引气剂产品主要用三萜皂甙与少量改性化学物质混合而成。其生产原理主要是利用三萜皂甙易溶于水和乙醇的特性，从植物原料中溶出三萜皂甙成分，然后经与残渣分离、浓缩精制而成。该类引气剂的气泡结构较好，产泡半径较小，因此抗冻指标较高，降低强度相对较小。

4）木质素盐类

木质素盐类是造纸工业的副产品，该产品具有减水剂和引气作用。主要有木质素磺酸钠、木质素磺酸钙等，我们研究选用的是木质素磺酸钠。

5）聚醚多元醇类

该类引气剂主要与聚羧酸高性能减水剂进行复配应用。

2.试验方法和内容

本研究中，混凝土配合比和试验方法参照《混凝土外加剂》（GB 8076—2008）进行试验。拌和物性能主要包括减水率、含气量及含气量1 h经时变化量，硬化混凝土包括抗压强度比、200次相对耐久性，以及各引气剂在混凝土中相同含气量的抗冻性能。

3.试验结果及分析

1）松香皂及松香类

改性松香热聚物引气剂的试验结果见表2-8。

表 2-8 改性松香热聚物引气剂的试验结果

掺量(%)		0.008	0.012	0.016	0.020	0.024	0.028
减水率(%)		2	4	5	6	7	7
含气量(%)	初始值	2.2	3.3	4.2	5.6	6.8	8.0
	1 h经时变化量	-0.7	-0.9	-0.7	-0.9	-0.8	-0.7
抗压强度比(%)	3 d	102	101	100	98	95	90
	7 d	101	100	99	97	94	89
	28 d	101	100	98	95	91	85
抗冻性(200次)(%)	动弹模量保留值	52	71	84	92	90	85
	质量损失率	5.9	3.8	1.2	0.8	1.1	1.6

由表 2-8 可知，随着掺量的增加，减水率和含气量不断增加，当掺量为 0.020%时，减水率为6%，达到标准要求；当掺量为 0.012%时，含气量为 3.3%，达到标准要求，含气量 1 h经时变化量为 -0.9% ~ -0.7%。随着混凝土含气量的增加，抗压强度比不断降低；当混凝土含气量小于3%时，抗压强度比约有增加；当混凝土含气量为3% ~5%时，含气量每提高1%，抗压强度比降低2% ~3%；当混凝土含气量为5% ~8%时，含气量每提高1%，抗压强度比降低4% ~6%。随着混凝土含气量的增加，抗冻性先增加后降低；当掺量为0.020%，混凝土含气量为5.6%，动弹性模量保留值达到最高值，即为92%。

2)烷基苯磺酸盐类

十二烷基磺酸钠引气剂的试验结果见表2-9。

表 2-9 十二烷基磺酸钠引气剂的试验结果

掺量(%)		0.001	0.002	0.004	0.006	0.008	0.010
减水率(%)		0	0	0	0	0	1
含气量(%)	初始值	2.1	3.3	4.2	5.8	6.6	8.1
	1 h经时变化量	-1.3	-1.2	-1.0	-1.5	-1.4	-1.5
抗压强度比(%)	3 d	101	101	98	97	92	88
	7 d	101	100	99	96	93	90
	28 d	101	99	96	91	86	80
抗冻性(200次)(%)	动弹性模量保留值	39	48	69	84	83	80
	质量损失率	6.7	5.9	4.3	2.8	1.3	1.8

由表 2-9 可知，随着掺量的增加，减水率基本为 0，当掺量为 0.010%时，减水率也只有1%；随着掺量的增加，含气量不断增加，当掺量为 0.002%时，含气量为 3.3%，达到标准要求，含气量 1 h 经时变化量为 -1.5% ~ -1.0%。随着混凝土含气量的增加，抗压强度比不断降低；当混凝土含气量小于 3%时，抗压强度比约有增加；当混凝土含气量为3% ~5%时，含气量每提高1%，抗压强度比降低2% ~3%；当混凝土含气量为5% ~8%

时,含气量每提高1%,抗压强度比降低5% ~6%。随着混凝土含气量的增加,抗冻性先增加后降低;当掺量为0.006%时,混凝土含气量为5.8%,动弹性模量保留值达到最高值,即为84%。

3)皂角苷类

三萜皂苷引气剂的试验结果见表2-10。

表2-10 三萜皂苷引气剂的试验结果

掺量(%)		0.008	0.012	0.016	0.020	0.024	0.028
减水率(%)		3	5	6	6	7	7
含气量(%)	初始值	1.8	2.7	3.9	4.8	6.2	7.5
	1 h经时变化量	-0.6	-0.5	-0.5	-0.3	-0.3	-0.4
抗压强度比(%)	3 d	103	102	101	100	97	93
	7 d	104	102	101	99	96	92
	28 d	102	101	99	97	93	88
抗冻性(200次)(%)	动弹性模量保留值	53	71	82	93	95	87
	质量损失率	4.7	2.2	1.2	0.8	0.5	1.2

由表2-10可知,随着掺量的增加,减水率和含气量不断增加;当掺量为0.016%时,减水率为6%,达到标准要求,含气量为3.4%,达到标准要求,含气量1 h经时变化量为-0.6% ~ -0.3%。随着混凝土含气量的增加,抗压强度比不断降低;当混凝土含气量小于3%时,抗压强度比略有增加;当混凝土含气量为3% ~5%时,含气量每提高1%,抗压强度比降低1% ~2%;当混凝土含气量为5% ~8%时,含气量每提高1%,抗压强度比降低4% ~5%。随着混凝土含气量的增加,抗冻性先增加后降低;当掺量为0.024%,混凝土含气量为6.2%,动弹性模量保留值达到最高值,即为95%。

4)木质素盐类

木质素磺酸钠引气剂的试验结果见表2-11。

表2-11 木质素磺酸钠引气剂的试验结果

掺量(%)		0.1	0.2	0.3	0.4	0.5	0.6
减水率(%)		4	8	11	13	14	14
含气量(%)	初始值	1.9	2.7	3.6	4.3	4.6	4.7
	1 h经时变化量	-1.3	-1.7	-1.8	-1.7	-1.6	-1.7
凝结时间差(min)	初凝	40	55	90	115	225	405
抗压强度比(%)	3 d	112	117	124	128	119	69
	7 d	113	119	126	132	122	73
	28 d	106	114	119	128	120	61
抗冻性(200次)(%)	动弹性模量保留值	31	41	64	69	72	68
	质量损失率	7.3	5.9	3.2	2.5	1.8	2.4

由表 2-11 可知，随着掺量的增加，减水率、含气量和凝结时间差不断增加，含气量 1 h 经时变化量为 -1.8% ~ -1.3%。随着掺量的增加，抗压强度比和抗冻性先增加后降低，当掺量达到 0.6% 时，凝结时间差急剧增加，抗压强度比急剧降低。该类外加剂一般归纳为普通减水剂，达到一定掺量有较强的缓凝效果，在掺量不大于 0.4% 时，抗压强度比都有明显提高。

5）聚醚多元醇类

聚醚多元醇类引气剂的试验结果见表 2-12。

表 2-12　聚醚多元醇类引气剂的试验结果

掺量（%）		0.004	0.006	0.008	0.010	0.012	0.014
减水率（%）		0	1	1	2	3	3
含气量（%）	初始值	2.7	3.3	4.3	5.4	6.8	8.5
	1 h 经时变化量	-1.3	-1.1	-1.0	-0.9	-1.0	-0.9
抗压强度比（%）	3 d	102	100	98	96	93	86
	7 d	101	100	97	97	92	89
	28 d	101	99	97	94	88	83
抗冻性（200 次）（%）	动弹性模量保留值	47	63	73	90	89	83
	质量损失率	6.7	5.9	4.3	2.8	1.3	1.8

由表 2-12 可知，随着掺量的增加，减水率不断增加，但都小于标准要求；随着掺量的增加，含气量不断增加，当掺量为 0.006% 时，含气量为 3.3%，达到标准要求，含气量 1 h 经时变化量为 -1.3% ~ -0.9%。随着混凝土含气量的增加，抗压强度比不断降低；当混凝土含气量小于 3% 时，抗压强度比略有增加；当混凝土含气量为 3% ~5% 时，含气量每提高 1%，抗压强度比降低 2% ~3%；当混凝土含气量为 5% ~8% 时，含气量每提高 1%，抗压强度比降低 5% ~6%。随着混凝土含气量的增加，抗冻性先增加后降低；当掺量为 0.010% 时，混凝土含气量为 5.4%，动弹性模量保留值达到最高值，即为 90%。

6）抗冻对比试验

各种引气剂在混凝土中相同含气量的抗冻性能试验结果见表 2-13。

表 2-13　各种引气剂在混凝土中相同含气量的抗冻性能试验结果

品种		改性松香热聚物	十二烷基磺酸钠	三萜皂苷	木质素磺酸钠	聚醚多元醇类
掺量（%）		0.08	0.005	0.020	0.5	0.009
含气量（%）		4.7	4.8	4.6	4.6	4.8
抗冻性（200 次）（%）	动弹性模量保留值	86	78	92	71	81
	质量损失率	0.8	0.6	0.5	1.8	0.6

由表 2-13 可知，混凝土在相同含气量下，各引气剂的掺量由小至大为：十二烷基磺酸

钠、聚醚多元醇类、三萜皂苷、改性松香热聚物、木质素磺酸钠；混凝土在相同含气量下，各引气剂的抗冻性能由低至高为：木质素磺酸钠、十二烷基磺酸钠、聚醚多元醇类、改性松香热聚物、三萜皂苷。由此可知，引气剂掺量最小的是十二烷基磺酸钠，抗冻性能最优的是三萜皂苷。

4. 结论

各种引气剂对混凝土性能都存在一定差异，其中差异如下：

(1)减水率。在引气剂的合理适用范围内十二烷基磺酸钠基本没有减水率，聚醚多元醇类的减水率次之，其他品种引气剂达到一定掺量具有满足标准要求的减水率。

(2)含气量。在相同含气量下，各引气剂的掺量由小至大为：十二烷基磺酸钠、聚醚多元醇类、三萜皂苷、改性松香热聚物、木质素磺酸钠；含气量 1 h 经时变化量由大至小为：木质素磺酸钠、十二烷基磺酸钠、聚醚多元醇类、改性松香热聚物、三萜皂苷。

(3)抗压强度比。除木质素磺酸钠外的引气剂，当含气量小于 3% 时，抗压强度比略有提高；当混凝土含气量在 3% ~5% 时，含气量每提高 1%，抗压强度比降低 1% ~3%；当混凝土含气量在 5% ~8%，含气量每提高 1%，抗压强度比降低 4% ~6%。

(4)抗冻性。各种引气剂在相同含气量条件下，混凝土抗冻性由低至高为：木质素磺酸钠、十二烷基磺酸钠、聚醚多元醇类、改性松香热聚物、三萜皂苷。

总而言之，在选用引气剂品种时，首先应选择抗冻性最优的、含气量 1 h 经时变化量最小的引气剂，并与减水剂复配使用可以补充引气剂对抗压强度的损失；由此可见，三萜皂苷为引气剂最优选择。

(三)配合比抗冻设计

在水工混凝土中标准规定有抗冻要求的混凝土的相对动弹性模量不小于 60%，但没有相关标准或规范规定抗冻混凝土配合比设计试验中混凝土的相对动弹性模量标准值，为了保证混凝土配合比抗冻指标能满足在工程设计抗冻性，提出混凝土配合比设计试验中相对动弹性模量需要达到的最低值。

结合大伙房水库输水工程(二期)抗冻混凝土配合比室内设计与实体工程进行混凝土配合比抗冻设计试验研究。

依据工程不同混凝土配合比设计抗冻试验与应用的抗冻对比试验结果见表 2-14。

表 2-14　各抗冻配合比设计试验与工程应用的抗冻试验结果

序号	混凝土等级	试验对比	相对动弹性模量(%)				
1	C25W4F100	配合比配制设计	66	70	74	80	86
		现场抽样	54	61	64	72	77
2	C30W6F100	配合比配制设计	65	71	75	81	85
		现场抽样	57	65	66	74	76
3	C35W6F100	配合比配制设计	64	70	75	79	86
		现场抽样	57	64	65	75	80

续表 2-14

序号	混凝土等级	试验对比	相对动弹性模量(%)				
4	C25W6F150	配合比配制设计	65	71	74	80	84
		现场抽样	49	59	61	70	73
5	C30W6F150	配合比配制设计	66	70	76	80	86
		现场抽样	52	60	64	74	75
6	C35W6F150	配合比配制设计	65	70	76	81	84
		现场抽样	51	58	64	72	79
7	C25W6F200	配合比配制设计	65	70	76	80	86
		现场抽样	45	56	60	65	72
8	C30W6F200	配合比配制设计	66	70	74	81	85
		现场抽样	46	55	58	66	74
9	C35W6F200	配合比配制设计	64	70	76	80	86
		现场抽样	48	57	62	66	73
10	C30W6F300	配合比配制设计	64	69	76	80	86
		现场抽样	40	51	55	65	69
11	C35W8F300	配合比配制设计	64	70	74	81	86
		现场抽样	45	57	60	67	72

通过不同的配合比在室内进行抗冻试验研究,每组配合比分别设计混凝土的相对动弹性模量分别为65%、70%、75%、80%、85%;再依据每组配合比设计的相对动弹性模量进行工程应用对比研究。通过试验分析和工程实际应用可知,当混凝土抗冻设计等级为F100,配合比试验的抗冻性的相对动弹模量设计为70%时,在工程应用中混凝土的抗冻性满足设计要求,但部分试验接近边缘值;当混凝土抗冻设计等级为F150,配合比试验的抗冻性的相对动弹模量设计为75%时,在工程应用中混凝土的抗冻性满足设计要求,并有一定的富余系数;当混凝土抗冻设计等级为F200、F300,配合比试验的抗冻性的相对动弹模量设计为80%时,在工程应用中混凝土的抗冻性满足设计要求,并有一定的富余系数。

由此可见,当混凝土抗冻设计等级≤F150时,其混凝土配合比设计的抗冻性的相对动弹性模量应≥75%;当混凝土抗冻设计等级≥F200时,其混凝土配合比设计的抗冻性的相对动弹性模量应≥80%。当混凝土配合比设计中抗冻设计达到以上规定时,在现场施工的混凝土更易满足混凝土抗冻性设计标准,从而提高实体工程混凝土抗冻性的保证率。

(四)结论

通过试验和工程实践,提出抗冻混凝土质量控制的关键技术如下:

(1)选用优质引气剂,选用原则为在相同含气量下抗冻性最优的、含气量1 h经时变化量最小,优质的引气剂使混凝土具有更高的抗冻性,从而提高混凝土的耐久性。

(2)当混凝土抗冻设计等级≤F150时,其混凝土配合比设计的抗冻性的相对动弹性模量应≥75%;当混凝土抗冻设计等级≥F200时,其混凝土配合比设计的抗冻性的相对动弹性模量应≥80%。当混凝土配合比设计中抗冻达到以上规定时,在现场施工的混凝土更易满足混凝土抗冻性设计标准,从而提高实体工程混凝土抗冻性的保证率。

第二节　进排气阀性能测试试验

一、研究背景

长距离输水工程的水源地通常较远,在几十千米以外甚至更远,受地形和其他建筑物的限制,往往会使管线起伏变化大。当电网事故跳闸或者雷击、大风等自然灾害使得水泵机组突然断电后,管道系统内很容易发生压力剧烈升高和降低的水力瞬变现象。由于管线较长,管线前面的水流速度还是正常供水速度,但是水泵处的水流速度下降,最后为零,因此在管线中部位置水柱会被拉断,在此处产生真空负压,使管道塌陷;当水柱流速降下来时,下游水柱在自身重力和真空段吸力的双重作用下产生巨大的回水水击,两股水流猛烈撞击,形成巨大的破坏性水锤,即断流弥合水锤,从而爆管。此外,供水系统正常运行时,或多或少会有少量空气进入管道,同时,管道内的水在常温下会自然析出部分微量空气,特别是温度有变化时更明显,这部分微量空气在水流作用下行至管线局部高点集结起来形成气阻。当气阻严重时,由于空气的可压缩性,由供水压力而生成的压缩空气囊破裂或两气囊融合瞬间产生的体积变化,形成瞬间的局部超高压将管道爆裂,发生爆管,造成巨大的经济损失。

解决管路存气、补气问题最常见、最有效的方法之一就是在管线的适当位置安装进排气阀,通过它既可以排出系统正常运行过程管线中的有害气体,又能在发生水锤管线出现负压时及时补气,消除液柱分离现象,避免水锤事故的发生。当进排气阀处管道内的压力低于大气压时,进排气阀打开补气,防止管道内的压力进一步降低;当进排气阀处管道内的压力高于大气压时,进排气阀排气,但不允许液体泄入大气,在空气排完时阀自动关闭。目前,进排气阀已经作为一种重要装置在长距离输水工程中得到广泛应用。进排气阀的形式从单一浮球(筒)式发展到现在的浮球(筒)杠杆式、组合式、汽缸式等。

近年来,我国长距离输水管路及较大流量的有压管路调水工程建设投入日渐增多,相应地投入使用的进排气阀种类繁多。但由于长距离输水管路的设计流速较低,管道中的气体一般是以气囊的形式存在于管道上部和管道的隆起段,导致管路中存在的气囊,轻则减小管路输水断面降低输水流量,浪费电能,重则引发水锤、破坏管路。通过事故分析,主要原因是使用了性能不佳的进排气阀或者进排气阀无法发挥出自身性能。此外,当前进排气阀的制造、生产过分强调设计规程,而缺少相关试验规程来满足性能测试需求,两者之间技术环节存在脱节情况。因而,如何开展多种工况下的进排气性能试验,研制出能够测试进排气阀性能的试验平台,对于确保输水系统的安全运行,保障生活生产用水及社会经济发展,具有非常重要的实际意义。

二、装置设计

依据《给水管道复合式高速进排气阀》(CJ/T 217—2013),厂家生产验收后的进排气阀需要进行试验检验,相关指标达标后,方可应用于实际工程。根据《城镇供水长距离输水管(渠)道工程技术规程》(CECS 193:2005)、《城市供水行业2010年技术进步发展规划及2020年远景目标》,对长距离输水管道进排气阀性能提出了诸多性能测试要求,如"进排气阀就应该有在任何流态下都能快速排出空气""进排气阀大小排气口均做到充气开启高速排气,充水关闭不漏水""正压水气相间时大量高速排气并缓冲关闭"等。为此,辽宁省水利水电科学研究院在调研国内诸多科研院所及相关专家的基础上,结合辽宁省大伙房水库输水工程的实际需要,组织设计和研制了一套进排气阀性能测试装置。该测试装置可以模拟长距离输水过程中出现的多种不利工况(尤其是水气相间工况),能够完成进排气阀主要工作性能的测试试验,有效地解决了产品设计与性能测试之间脱节的问题。

本进排气阀的性能测试装置包括储气储水系统、排气系统、排水系统和测试系统等。其中,储气储水系统由储气储水罐、进水管(连接自来水)、进气管(连接空气压缩机)、真空管(连接真空泵)、储气储水罐真空压力表(正、负压)、储气储水罐电接点真空压力表(正、负压)等组成;排气系统包括直管、法兰、弯管、减压恒压阀、减压恒压阀压力表、减压恒压阀真空表、变径管、安全阀、止回阀、进气控制阀等;排水系统包括直管、法兰、进水控制阀、三通、排水控制阀等;测试系统包括三通、变径管、水气合用控制阀、弯管、法兰、测试台、被测阀进口压力表和真空表、传感器等。具体设计示意图及实物图见图2-10和图2-11。

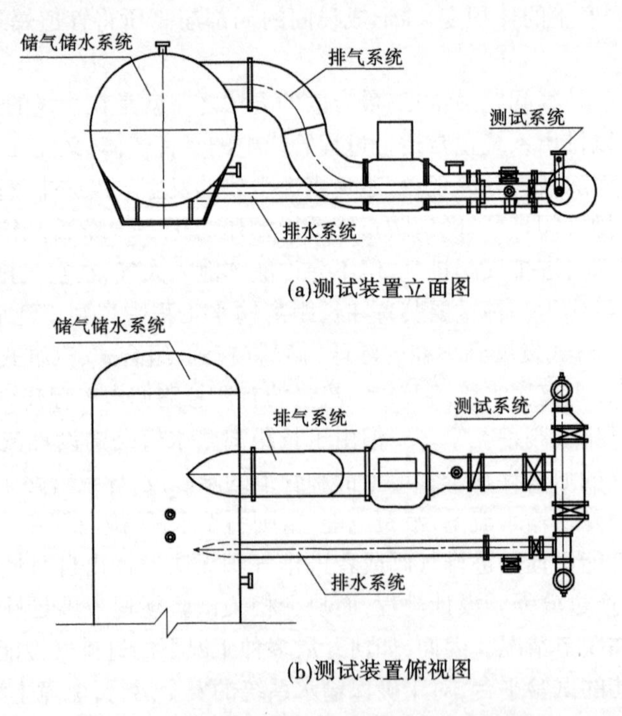

图2-10 进排气阀性能测试装置设计示意图

图 2-11　进排气阀性能测试装置实物图

三、装置技术特点

在本装置中，储气储水系统的储气储水罐体与进水管、进气管、真空管之间连接。自来水从进水管进入罐体，压力气体由进气管充进罐体，罐体内气体通过真空管抽出。进气管和真空管端部分别连接储气储水罐真空压力表和储气储水罐电接点真空压力表，用来指示罐体内的气压值。

在储气储水罐侧面安装有排气系统的始端直管，用法兰或蝶阀将直管、弯管、减压恒压阀、止回阀等连接起来，最终抵达测试系统，并配备用于控制排气系统异常情况的安全阀。罐体内的气体通过直管、弯管进入减压恒压阀，通过减压恒压阀的整定后经过变径管、止回阀、控制阀、三通进入测试系统。

排水系统的始端直管通过三通、控制阀与测试系统相连接。罐体内的水通过直管、控制阀、三通进入测试系统。排水控制阀控制排水系统多余水的排出。

测试系统设左、右测试台，分别通过三通、变径管、三通、弯管与之连接，左、右测试台上安置被测进排气阀，并设置进口压力表和真空表，以及传感器，能够同时测试两台被测阀体。

四、试验主要内容

（一）水气相间时的排气性能

（1）由进水管向储气储水罐内注水，注水量约为罐体容积的 1/4。

（2）再由进气管向储气储水罐内充气，使罐内气压达到 0.4 ~ 0.5 MPa。

（3）调整减压恒压阀出口压力为 0.05 ~ 0.10 MPa。

（4）依次打开进气控制阀、左水气合用控制阀，向左测试台上的被测阀充气，检查被测阀大排气口是否排气。

（5）然后打开进水控制阀的同时逐渐关闭进气控制阀（开关阀门动作要平稳连续、相互协调,保证被测阀进水口处压力表指示在0.03~0.05 MPa范围内),这样向被测阀内充水,检查被测阀排气口是否关闭。

(6)再次打开进气控制阀,同时关闭进水控制阀,并逐渐打开排水控制阀(开关阀门动作要平稳连续、相互协调,保证被测阀进口压力表值在0.03~0.05 MPa范围内),当被测阀内水位(通过液位计观测)降至一定位置时,检查被测阀大排气口是否能够自动打开排气。

(7)重复步骤(4)~(6)3次,在水气相间条件下能够连续自动大量排气为合格(A级进排气阀)。

(二)大量排气时的起球压力

(1)放空储气储水罐中存水。

(2)打开进气控制阀,用空气压缩机向储气储水罐中充气,使罐体气压力达到0.4~0.5 MPa。

(3)整定减压恒压阀出口压力分别为0.02 MPa、0.06 MPa、0.12 MPa、0.4 MPa。

(4)快速打开右水气合用控制阀,检查右测试台上的被测阀浮球是否被吹起的同时读取测试压力表数值。

(5)重复步骤(2)~(4)3次,观察被测阀的浮球在哪个压力级上能够被吹起即为相应的起球压力。

(三)进排气阀有无吸气功能

(1)放空储气储水罐中存水。

(2)关闭进气控制阀、进水控制阀、排水控制阀,打开左、右水气合用控制阀。

(3)用真空泵抽气,使储气储水罐内产生一定负压值(-0.035~-0.030 MPa)时迅速打开进水控制阀,此时观察被测阀是否能够开启吸气。

五、小结

本装置除能够进行常规的进排气阀性能测试试验外,还将更切合长距离输水工程实际的水气相间工况下的排气性能作为检验指标。采用该装置进行的测试试验方法,不仅与规程中提到的方法结果完全相同,而且具有方法简便、操作灵活、可模拟实际工况等优点。本装置及测试方法已通过中华人民共和国国家知识产权局授权,并取得国家发明专利证书。

本测试装置先后在大伙房水库输水工程(二期)、国电康平发电有限公司再生水输送工程、葫芦岛市青山水库输水管线等多项工程中得到了推广应用,测试了国内外10余类进排气阀产品,测试结果数据可靠、合理;经该装置测试合格的产品,百分之百消除了工程事故隐患,获得了业主的认可和赞誉。

第三节 隧洞竖井投料还原试验

辽宁省大伙房水库输水(一期)工程主洞采用喷射混凝土进行初期支护,模筑混凝土进行二期衬砌。衬砌混凝土的送料方式主要有3种:一是主洞内设搅拌站,通过支洞运输混凝土原材料在主洞搅拌站内拌和后进行输运施工；二是在洞外设有混凝土搅拌站，混凝土拌和物通过搅拌罐车进行洞内运输后施工；三是在洞外安设搅拌站，混凝土拌和物通过竖井投入主洞内，再由搅拌罐车接料、运输至指定地点进行施工。

采用竖井投料技术优势明显，一方面可解决混凝土进料问题，提高混凝土供应效率；另一方面又可增大洞室内空间，为洞内的 TBM 物料运输转运提供有效空间条件，最大限度地提高 TBM 供料效率。在大伙房水库输水（一期）工程中采用的竖井深度较大，多在 60 m 深度以上，竖井结构为在开挖孔径内安设ϕ0.3 m 的钢管（见图 2-12），混凝土拌和物就由此管靠重力自由下落，在洞底缓冲停止后，用搅拌罐车进行盛接、运输至指定地点进行现场浇筑。

混凝土拌和物自由下落至洞底，并瞬间缓冲停止。由于混凝土拌和物中粗骨料之间的瞬间相互作用，可能导致粗骨料的粒径、级配及自身的强度等发生变化，从而影响硬化后混凝土的物理力学等性能。目前，竖井投料技术在相关工程中虽有应用，但应用后其对混凝土技术指标到底会产生什么程度的影响研究并不多见。为了研究竖井投料后混凝土拌和物中粗、细骨料自身参数指标及硬化后混凝土物理力学性能等的变化，本研究提出了竖井投料还原试验分析方法。通过还原试验研究不同深度条件下竖井投料对混凝土骨料、混凝土拌和物工作性、混凝土中骨料级配以及硬化混凝土性能的影响，为竖井投料施工技术的应用提供依据。

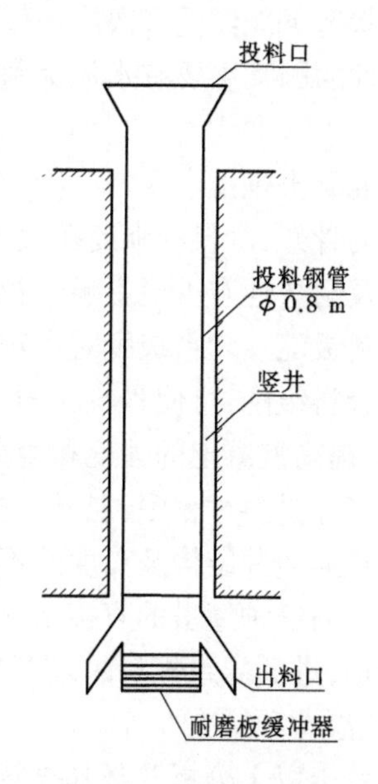

图 2-12　竖井结构图

一、试验方法

（一）方法的提出

竖井施工技术在水利工程中已经有所应用，尤其在输水隧洞施工中应用相对较为广泛。大伙房水库输水一期工程主要为输水隧洞工程，多个标段根据实际工况特点采用了竖井施工技术。通过竖井投放混凝土拌和物，在井下利用自卸汽车承接后运输至指定地点进行浇筑施工。竖井深度多分布在 60～120 m，有的甚至更深。隧洞工程为隐蔽工程，质量控制标准较高，而混凝土经过竖井投放后由于受重力作用，在投放过程中速度很快，在竖井底部瞬时承接停止，可能导致混凝土的主要技术指标（主要包括混凝土拌和物和易性、硬化混凝土的强度及耐久性等）发生变化，从而影响硬化混凝土质量。

混凝土和易性是指混凝土拌和物在一定施工条件下，便于施工操作并能获得质量均匀、密实的混凝土的性能。和易性包括混凝土拌和物的流动性、黏聚性和保水性三方面。而到目前为止，还没有特别明确的指标能全面地反映混凝土拌和物的和易性。一般常用坍落度来表示混凝土流动性的大小，混凝土的黏聚性和保水性常根据经验，通过试验或现场施工的观察来判断其优劣。影响混凝土和易性的因素主要有水泥浆含量、含砂率、水泥浆的稠度，以及原材料的种类及外加剂等。

混凝土的强度分为抗压强度、抗拉强度、抗弯强度及抗剪强度等。其中以抗压强度最大、最有优势。因此,抗压强度是衡量混凝土质量的重要指标,而且它与其他性能指标有着密切关系。影响混凝土抗压强度的因素很多,主要有水泥强度等级及水灰比、骨料种类及级配、养护温度及龄期以及施工方法和施工质量等。

混凝土的耐久性主要包括抗渗性、抗冻性、抗冲磨性、抗侵蚀性及抗风化性等。常规的混凝土设计中都对混凝土的抗渗性和抗冻性提出等级要求。混凝土的抗渗性是混凝土抵抗压力水渗透作用的能力,是混凝土的一项重要性质,除关系到混凝土的挡水作用外,还直接影响混凝土的抗冻性及抗侵蚀性等。影响混凝土抗渗性的因素主要有水泥品种、水灰比、外加剂以及骨料级配、施工质量及养护条件等。混凝土的抗冻性是指混凝土在水饱和状态下能经受多次冻融作用而不破坏,同时也不严重减低强度的性能。影响混凝土抗冻性的因素主要有水泥品种、水泥强度等级、水灰比、外加剂及掺合料,以及骨料的品质等。

混凝土是由水泥、水、砂、石及外加剂、掺合料等组成的。其中,骨料的作用是构成混凝土的骨架,骨料的强度在很大程度上影响到混凝土的强度。骨料的级配对混凝土的强强度及耐久性有重要影响。骨料依据颗粒大小不同组合后,其各种粒径所占的百分数称为骨料级配。骨料级配对水灰比及灰骨比有影响,关系到混凝土的和易性和经济性。良好的骨料级配,可使骨料间的空隙率和总表面积减小,改善混凝土拌和物的和易性及抗离析性,提高混凝土的强度和耐久性,并可获得良好的经济性。

竖井投料过程中,混凝土拌和物在投放—承接过程中,骨料间经历了相互撞击的作用。根据竖井结构及深度的不同,骨料间的相互作用力也不同,对混凝土骨料的影响也不一样。而这种撞击的直接结果可能导致混凝土拌和物中大粒径骨料破碎、小粒径骨料含量增加,进而导致骨料的级配发生变化,从而改变混凝土的和易性和硬化后混凝土的强度、抗渗性和抗冻性等。

鉴于以上分析及竖井投料过程中可能存在的问题,辽宁省水利水电科学研究院与有关单位共同研究分析,寻找试验、研究方法,进而提出了竖井投料还原试验方法。所谓竖井投料还原试验,是指通过试验将井上、井下混凝土拌和物中的骨料还原,重新测试其颗粒级配、压碎指标等,分析竖井投料对混凝土拌和物中骨料的影响程度,通过对井上和井下混凝土拌和物及硬化混凝土技术指标测试,综合分析研究竖井投料技术的应用。

(二)试验目的、原理及依据

1. 目的

通过还原试验,以期达到以下目的:

(1)检验竖井投料方法对混凝土性能的影响程度。

(2)研究竖井投料方法中投料深度对混凝土性能的影响程度。

(3)验证竖井投料方法在特定工程中应用的可行性。

(4)为相关工程设计、施工及检测提供参考。

2. 原理

竖井投料还原试验先采用“冲洗法”将竖井投料前、后混凝土拌和物中的骨料还原出来,然后针对还原出来的骨料采用标准规范方法测试相关技术指标,从而分析出竖井投料对混凝土骨料技术指标的影响。

3.依据

试验依据主要有：

(1)《建设用砂》(GB/T 14684—2011)。

(2)《建设用卵石、碎石》(GB/T 14685—2011)。

(3)《水工混凝土试验规程》(SL 352—2006)。

(三)试验内容和测试方法

1.试验内容

为研究竖井投料方法对混凝土拌和物中粗细骨料级配及硬化后混凝土强度及耐久性指标的影响程度，以辽宁省大伙房水库输水(一期)工程中不同深度的5个竖井为例，对其还原试验测试数据进行比较分析。5个竖井编号及竖井深度如表2-15所示。

表2-15　竖井编号及竖井深度

竖井编号	TBM3-16#	D&B3-7#	D&B2-6#	D&B4-9#	TBM2-14#
竖井深度(m)	60	78	110	110	120

结合工程实际的时间要求、工期进展情况和试验经费约束等条件，本书竖井投料还原试验检测项目主要包括骨料、混凝土拌和物工作性、混凝土中骨料级配，以及硬化混凝土性能，具体项目如下所示。

1)混凝土原材料性能指标测试

拌和站现场粗、细骨料试验项目如下：

(1)骨料质量。

(2)砂石混合料颗粒级配试验。

(3)10~20 mm粒径级料压碎指标试验。

2)混凝土拌和物性能指标测试

投料前与投料后分别测试混凝土拌和物的坍落度、含气量。

3)硬化混凝土性能指标测试

投料前与投料后进行硬化混凝土抗压强度(28 d)、抗渗性和抗冻性试验。

还原试验具体结构如图2-13所示。

2.测试方法

1)混凝土原材料性能指标测试

混凝土原材料中的粗骨料是混凝土的骨架支撑。在竖井投料的过程中可能对粗骨料性能产生一定的影响，从而改变了混凝土的原有级配，导致硬化混凝土某些性能指标发生变化，所以对混凝土原材料要进行相关的试验、测试。

A.骨料质量

根据相关规范对细骨料(河砂)的含泥量、泥块含量、表观密度、饱和面干吸水率、堆积密度、空隙率、细度模数以及粗骨料的含泥量、泥块含量、表观密度、针片状颗粒含量、堆积密度、空隙率等参数进行试验。

B.砂石混合料颗粒级配试验

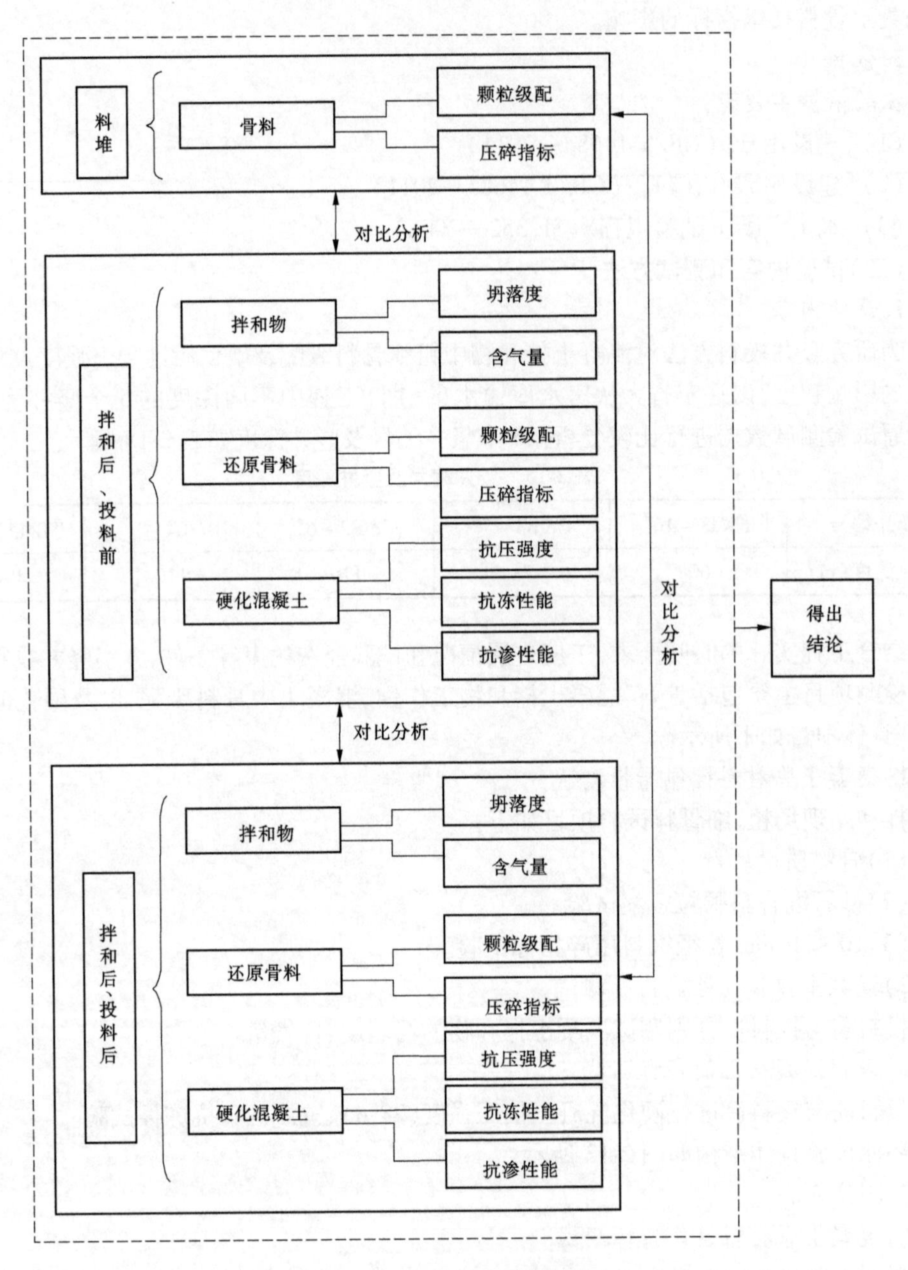

图 2-13 还原试验具体结构

为了检验、测试竖井投料对混凝土拌和物中骨料级配的影响程度，进行混凝土拌和物中砂石混合料颗粒级配试验。考虑到原材料本身也存在一定的不均匀性，所以对拌和前混合料，拌和后、投料前混合料及拌和后、投料后混合料分别进行级配测试。

颗粒级配试验要测出各粒径级的累计筛余量（砂：S_{iL}；碎石：$G_{iL5\sim20}$、$G_{iL20\sim40}$），并依据混凝土配合比中砂的质量比（m_{iS}）和碎石的质量比（$m_{iG5\sim20}$、$m_{iG20\sim40}$），根据公式计算砂石混合料的各粒径级累计筛余量（m_{iH}）。各粒径级累计筛余量的计算公式为

$$m_{iH} = S_{iL} \times m_{iS} + G_{iL5\sim20} \times m_{iG5\sim20} + m_{iG20\sim40} \times G_{iL20\sim40} \tag{2-1}$$

式中　i——第 i 级孔径。

C. 10 ~ 20 mm 粒径级料压碎指标试验

为了检验竖井投料对粗骨料抵抗压碎能力的影响程度，依据《水工混凝土砂石骨料试验规程》（DL/T 5151—2014），对混合料中 10 ~ 20 mm 粒径级料进行压碎指标试验。

压碎指标计算见式（2-2）（准确至 0.1%）：

$$C = \frac{G_0 - G_1}{G_0} \times 100\% \tag{2-2}$$

式中　C——压碎指标（%）；

G_0——试样质量，g；

G_1——试样压碎后筛余量，g。

2）混凝土拌和物性能指标测试

为了检验竖井投料对混凝土拌和物和易性及含气量的影响程度，依据《水工混凝土试验规程》（DL/T 5150—2017），现场分别测试了投料前混凝土拌和物和投料后混凝土拌和物的坍落度和含气量。

A. 坍落度测试

坍落度测试需要坍落度筒、捣棒和钢尺三种仪器。

混凝土拌和物的坍落度以 mm 计，取整数。

B. 含气量测试

含气量测试主要的仪器设备为含气量筒。

当骨料最大粒径超过 40 mm 时，应采用湿筛法剔除，此时测出的结果并不是原级配混凝土的含气量，需要时可根据配合比进行换算。

含气量按式（2-3）计算（精确至 0.1%）：

$$A = A_1 - C \tag{2-3}$$

式中　A——拌和物的含气量（%）；

A_1——仪器测得的拌和物的含气量（%）；

C——骨料校正因素（%）。

3）硬化后混凝土性能指标测试

硬化后混凝土性能指标主要测试力学指标抗压强度和耐久性指标抗冻等级及抗渗等级三个参数。分拌和后、投料前硬化混凝土性能指标测试和拌和后、投料后硬化混凝土性能指标测试两个部分。

A. 混凝土立方体试件抗压强度试验

骨料最大粒径与混凝土试模规格关系见表 2-16。

表 2-16　骨料最大粒径与混凝土试模规格　（单位：mm）

骨料最大粒径	试模规格	骨料最大粒径	试模规格
≤30	100 × 100 × 100	80	300 × 300 × 300
40	150 × 150 × 150	150（120）	450 × 450 × 450

混凝土立方体抗压强度按式（2-4）计算（精确至 0.1 MPa）：

$$f_{cc} = \frac{P}{A} \tag{2-4}$$

式中 f_{cc}——抗压强度,MPa;

P——破坏荷载,N;

A——试件承压面面积,mm^2。

B. 混凝土抗渗性试验

混凝土抗渗等级,以每 6 个试件 4 个未出现渗水时的最大水压力表示。抗渗等级按式(2-5)计算:

$$W = 10H - 1 \tag{2-5}$$

式中 W——混凝土抗渗等级;

H——六个试件中有三个渗水时的水压力,MPa。

C. 混凝土抗冻性试验

相对动弹模量按式(2-6)计算:

$$P_n = \frac{f_n^2}{f_0^2} \times 100 \tag{2-6}$$

式中 P_n——n 次冻融循环后试件相对动弹性模量(%);

f_0——试件冻融循环前的自振频率,Hz;

f_n——试件冻融 n 次循环后的自振频率,Hz。

质量损失率按式(2-7)计算:

$$W_n = \frac{G_0 - G_n}{G_0} \times 100 \tag{2-7}$$

式中 W_n——n 次冻融循环后试件质量损失率(%);

G_0——冻融前的试件质量,g;

G_n——n 次冻融循环后的试件质量,g。

二、试验结果

依据竖井投料还原试验内容及步骤,对辽宁省大伙房水库输水(一期)工程中 5 个不同深度的竖井投料点进行试验,各试验点试验结果如下所示。

(一)TBM3 - 16#洞

1. 混凝土原材料性能指标测试

1)骨料质量

细骨料(河砂)的含泥量、泥块含量、表观密度、饱和面干吸水率、堆积密度、空隙率、细度模数以及粗骨料的含泥量、泥块含量、表观密度、针片状颗粒含量、堆积密度、空隙率等参数均合格。

2)砂石混合料颗粒级配试验

在本次试验中砂为河砂、石为河卵石。将拌和前及拌和后、投料前和拌和后、投料后三种工况下的颗粒级配试验结果进行汇总并分析,结果见表 2-17。

3)10 ~ 20 mm 粒径级料压碎指标试验

按"混凝土原材料性能指标测试"要求,对拌和前及拌和后、投料前和拌和后、投料后料中10～20 mm粒径级料进行压碎指标试验，汇总结果见表2-18。

表2-17　TBM3－16#洞竖井投料还原试验——砂、石混合料颗粒级配试验结果汇总、统计

筛孔尺寸（mm）	累计筛余实测值（%）			累计筛余变化量（%）		
	拌和前	拌和后、投料前	拌和后、投料后	拌和后、投料前与拌和前差值	拌和后、投料后与拌和后、投料前差值	拌和后、投料后与拌和前差值
	（1）	（2）	（3）	（4）=（2）－（1）	（5）=（3）－（2）	（6）=（3）－（1）
31.5	12	8	14	－4	6	2
25.0	22	17	26	－5	9	4
20.0	32	26	37	－6	11	5
16.0	42	35	47	－7	12	5
10.0	58	53	64	－5	11	6
5.00	60	58	66	－2	8	6
2.50	69	70	76	1	6	7
1.25	73	74	80	1	6	7
0.63	93	94	95	1	1	2
0.315	98	98	99	0	1	1
0.16	99	99	100	0	1	1

表2-18　TBM3－16#洞竖井投料还原试验——砂、石混合料10～20 mm粒径级料压碎指标试验结果汇总、统计

10～20 mm粒径级料压碎指标（%）				压碎指标变化量（%）		
标准要求	实测值			拌和后、投料前与拌和前差值	拌和后、投料后与拌和后、投料前差值	拌和后、投料后与拌和前差值
	拌和前	拌和后、投料前	拌和后、投料后			
	（1）	（2）	（3）	（4）=（2）－（1）	（5）=（3）－（2）	（6）=（3）－（1）
≤16	7.7	8.8	9.0	1.1	0.2	1.3

2. 混凝土拌和物性能指标测试

按“混凝土拌和物性能指标测试”要求，对拌和后、投料前和拌和后、投料后混凝土拌和物的坍落度及含气量进行测试，汇总分析结果见表2-19和表2-20。

表2-19　TBM3－16#洞竖井投料还原试验——混凝土拌和物坍落度试验结果汇总、统计

坍落度测试值（mm）				坍落度测试平均值变化量（mm）
拌和后、投料前拌和物		拌和后、投料后拌和物		
单值	平均值	单值	平均值	
（1）	（2）	（3）	（4）	（5）=（4）－（2）
168	173	171	168	－5
185		164		
167		169		

表 2-20　TBM3 − 16#洞竖井投料还原试验——混凝土拌和物含气量试验结果汇总、统计

含气量测试值(%)				含气量测试平均值变化量(%)
拌和后、投料前拌和物		拌和后、投料后拌和物		
单值	平均值	单值	平均值	
(1)	(2)	(3)	(4)	(5) = (4) − (3)
1.8	1.7	1.7	1.7	0
1.6		1.8		

3. 硬化后混凝土性能指标测试

按“硬化后混凝土性能指标测试”要求,对拌和后、投料前和拌和后、投料后混凝土拌和物进行成型、养护、试验,汇总分析结果见表 2-21 ~ 表 2-23。

表 2-21　TBM3 − 16#洞竖井投料还原试验——硬化后混凝土抗压强度试验结果汇总、统计

立方体试块抗压强度测试值(MPa)				设计抗压强度等级	抗压强度测试平均值变化量(mm)
拌和后、投料前		拌和后、投料后			
单值	平均值	单值	平均值		
(1)	(2)	(3)	(4)	(5)	(6) = (4) − (2)
24.0	25.6	30.3	30.1	C25	4.5
25.0		29.3			
27.6		30.8			

表 2-22　TBM3 − 16#洞竖井投料还原试验——硬化后混凝土抗渗性能试验结果汇总、统计

抗渗性能测试值		
设计等级	拌和后、投料前	拌和后、投料后
W6	≥W6	≥W6

表 2-23　TBM3 − 16#洞竖井投料还原试验——硬化后混凝土抗冻性能试验结果汇总、统计

测试项目	设计抗冻等级	标准要求	拌和后、投料前	拌和后、投料后	测试平均值变化量(%)
			(1)	(2)	(3) = (2) − (1)
质量损失率(%)	F100	<5	0.3	1.0	0.7
相对动弹性模量(%)		>60	65	70	5

(二) D&B3 − 7#洞

1. 混凝土原材料性能指标测试

1) 骨料质量

细骨料(河砂)的含泥量、泥块含量、表观密度、饱和面干吸水率、堆积密度、空隙率、细度模数以及粗骨料的含泥量、泥块含量、表观密度、针片状颗粒含量、堆积密度、空隙率等参数均合格。

2)砂石混合料颗粒级配试验

在本次试验中砂为河砂、石为河卵石。将拌和前及拌和后、投料前和拌和后、投料后三种工况下的颗粒级配试验结果进行汇总并分析,结果见表2-24。

表2-24　D&B3－7#洞竖井投料还原试验——砂、石混合料颗粒级配试验结果汇总、统计

筛孔尺寸(mm)	累计筛余实测值(%)			累计筛余变化量(%)		
	拌和前	拌和后、投料前	拌和后、投料后	拌和后、投料前与拌和前差值	拌和后、投料后与拌和后、投料前差值	拌和后、投料后与拌和前差值
	(1)	(2)	(3)	(4)=(2)-(1)	(5)=(3)-(2)	(6)=(3)-(1)
31.5	5	1	2	-4	1	-3
25.0	13	6	8	-7	2	-5
20.0	28	19	27	-9	8	-1
16.0	33	25	34	-8	9	1
10.0	49	43	56	-6	13	7
5.00	60	56	68	-4	12	8
2.50	70	78	80	8	2	10
1.25	76	86	87	10	1	11
0.63	83	91	92	8	1	9
0.315	88	94	95	6	1	7
0.16	93	97	97	4	0	4

3)10~20 mm粒径级料压碎指标试验

按"混凝土原材料性能指标测试"要求,对拌和前及拌和后、投料前和拌和后、投料后中10~20 mm粒径级料进行压碎指标试验,汇总结果见表2-25。

表2-25　D&B3－7#洞竖井投料还原试验——砂、石混合料10~20 mm粒径级料压碎指标试验结果汇总、统计

10~20 mm粒径级料压碎指标(%)				压碎指标变化量(%)		
标准要求	实测值			拌和后、投料前与拌和前差值	拌和后、投料后与拌和后、投料前差值	拌和后、投料后与拌和前差值
	拌和前	拌和后、投料前	拌和后、投料后			
	(1)	(2)	(3)	(4)=(2)-(1)	(5)=(3)-(2)	(6)=(3)-(1)
≤16	7.5	7.3	7.1	-0.2	0.2	-0.4

2.混凝土拌和物性能指标测试

按"混凝土拌和物性能指标测试"要求,对拌和后、投料前和拌和后、投料后混凝土拌和物的坍落度及含气量进行测试,汇总分析结果见表 2-26 和表 2-27。

表 2-26　D&B3 – 7# 洞竖井投料还原试验——混凝土拌和物坍落度试验结果汇总、统计

坍落度测试值(mm)				坍落度测试平均值变化量(mm)
拌和后、投料前拌和物		拌和后、投料后拌和物		
单值	平均值	单值	平均值	
(1)	(2)	(3)	(4)	(5)=(4)-(2)
125		167		
127	124	169	163	39
120		154		

表 2-27　D&B3 – 7# 洞竖井投料还原试验——混凝土拌和物含气量试验结果汇总、统计

含气量测试值(%)				含气量测试平均值变化量(%)
拌和后、投料前拌和物		拌和后、投料后拌和物		
单值	平均值	单值	平均值	
(1)	(2)	(3)	(4)	(5)=(4)-(2)
2.8	2.9	2.9	3.0	0.1
3.0		3.1		

3. 硬化后混凝土性能指标测试

按"硬化后混凝土性能指标测试"要求,对拌和后、投料前和拌和后、投料后混凝土拌和物进行成型、养护、试验,汇总分析结果见表 2-28 ~ 表 2-30。

表 2-28　D&B3 – 7# 洞竖井投料还原试验——硬化后混凝土抗压强度试验结果汇总、统计

立方体试块抗压强度测试值(MPa)				设计抗压强度等级	抗压强度测试平均值变化量(mm)
拌和后、投料前		拌和后、投料后			
单值	平均值	单值	平均值		
(1)	(2)	(3)	(4)	(5)	(6)=(4)-(2)
33.8		32.0			
36.1	35.6	31.9	31.7	C25	-3.9
37.0		31.2			

表 2-29　D&B3 – 7# 洞竖井投料还原试验——硬化后混凝土抗渗性能试验结果汇总、统计

抗渗性能测试值		
设计等级	拌和后、投料前	拌和后、投料后
W6	≥W6	≥W6

表 2-30 D&B3－7#洞竖井投料还原试验——硬化后混凝土抗冻性能试验结果汇总、统计

测试项目	设计抗冻等级	标准要求	拌和后、投料前	拌和后、投料后	测试平均值变化量（%）
			(1)	(2)	(3)＝(2)－(1)
质量损失率(%)	F100	<5	0	0	0
相对动弹性模量(%)		>60	67	64	－3

（三）D&B2－6#洞

1. 混凝土原材料性能指标测试

1）骨料质量

细骨料（河砂）的含泥量、泥块含量、表观密度、饱和面干吸水率、堆积密度、空隙率、细度模数以及粗骨料的含泥量、泥块含量、表观密度、针片状颗粒含量、堆积密度、空隙率等参数均合格。

2）砂石混合料颗粒级配试验

在本次试验中砂为河砂、石为河卵石。将拌和前及拌和后、投料前和拌合后、投料后三种工况下的颗粒级配试验结果进行汇总并分析，结果见表 2-31。

表 2-31 D&B2－6#洞竖井投料还原试验——砂、石混合料颗粒级配试验结果汇总、统计

筛孔尺寸（mm）	累计筛余实测值（%）			累计筛余变化量（%）		
	拌和前料	拌和后、投料前	拌和后、投料后	拌和后、投料前与拌和前差值	拌和后、投料后与拌和后、投料前差值	拌和后、投料后与拌和前差值
	(1)	(2)	(3)	(4)＝(2)－(1)	(5)＝(3)－(2)	(6)＝(3)－(1)
31.5	3	6	5	3	－1	2
25.0	11	16	15	5	－1	4
20.0	28	38	39	10	1	11
16.0	35	47	47	12	0	12
10.0	53	61	63	8	2	10
5.00	66	74	78	8	4	12
2.50	75	81	86	6	5	11
1.25	83	86	91	3	5	8
0.63	92	92	95	0	3	3
0.315	97	96	98	－1	2	1
0.16	99	99	100	0	1	1

3）10～20 mm 粒径级料压碎指标试验

按“混凝土原材料性能指标测试”要求，对拌和前及拌和后、投料前和拌和后、投料后

混凝土拌和物中 10 ~ 20 mm 粒径级料进行压碎指标试验，汇总结果见表 2-32。

表 2-32 D&B2 - 6#洞竖井投料还原试验——砂、石混合料 10 ~ 20 mm 粒径级料压碎指标试验结果汇总、统计

10 ~ 20 mm 粒径级料压碎指标(%)				压碎指标变化量(%)		
标准要求	实测值			拌和后、投料前与拌和前差值	拌和后、投料后与拌和后、投料前差值	拌和后、投料后与拌和前差值
	拌和前	拌和后、投料前	拌和后、投料后			
	(1)	(2)	(3)	(4) = (2) - (1)	(5) = (3) - (2)	(6) = (3) - (1)
≤16	8.4	8.2	8.1	-0.2	-0.1	-0.3

2. 混凝土拌和物性能指标测试

该竖井为第一次试验，坍落度及含气量试验未列入计划，故未采集数据。

3. 硬化后混凝土性能指标测试

按“硬化后混凝土性能指标测试”要求，对拌和后、投料前和拌和后、投料后混凝土拌和物进行成型、养护、试验，汇总分析结果见表 2-33 ~ 表 2-35。

表 2-33 D&B2 - 6#洞竖井投料还原试验——硬化后混凝土抗压强度试验结果汇总、统计

立方体试块抗压强度测试值(MPa)				设计抗压强度等级	抗压强度测试平均值变化量(mm)
拌和后、投料前		拌和后、投料后			
单值	平均值	单值	平均值		
(1)	(2)	(3)	(4)	(5)	(6) = (4) - (3)
43.2	43.8	42.7	41.8	C25	-2.0
44.3		43.2			
43.8		39.4			

表 2-34 D&B2 - 6#洞竖井投料还原试验——硬化后混凝土抗渗性能试验结果汇总、统计

抗渗性能测试值		
设计等级	拌和后、投料前	拌和后、投料后
W6	≥W6	≥W6

表 2-35 D&B2 - 6#洞竖井投料还原试验——硬化后混凝土抗冻性能试验结果汇总、统计

测试项目	设计抗冻等级	标准要求	拌和后、投料前	拌和后、投料后	测试平均值变化量(%)
			(1)	(2)	(3) = (2) - (1)
质量损失率(%)	F100	<5	0.1	0.1	0
相对动弹模量(%)		>60	65	64	-1

(四)D&B4 -9#洞

1. 混凝土原材料性能指标测试

1)骨料质量

细骨料(河砂)的含泥量、泥块含量、表观密度、饱和面干吸水率、堆积密度、空隙率、细度模数以及粗骨料的含泥量、泥块含量、表观密度、针片状颗粒含量、堆积密度、空隙率等参数均合格。

2)砂石混合料颗粒级配试验

在本次试验中砂为河砂、石为河卵石。将拌和前及拌和后、投料前和拌和后、投料后三种工况下的颗粒级配试验结果进行汇总并分析,结果见表2-36。

表2-36 D&B4 -9#洞竖井投料还原试验——砂、石混合料颗粒级配试验结果汇总、统计

筛孔尺寸(mm)	累计筛余实测值(%)			累计筛余变化量(%)		
	拌和前	拌和后、投料前	拌和后、投料后	拌和后、投料前与拌和前差值	拌和后、投料后与拌和后、投料前差值	拌和后、投料后与拌和前差值
	(1)	(2)	(3)	(4)=(2)-(1)	(5)=(3)-(2)	(6)=(3)-(1)
31.5	7	6	6	-1	0	-1
25.0	18	14	15	-4	1	-3
20.0	29	26	27	-3	1	-2
16.0	38	36	37	-2	1	-1
10.0	55	55	53	0	-2	-2
5.00	61	70	65	9	-5	4
2.50	68	84	77	16	-7	9
1.25	75	87	81	12	-6	6
0.63	81	91	87	10	-4	6
0.315	88	96	93	8	-3	5
0.16	91	98	97	7	-1	6

3)10~20 mm粒径级料压碎指标试验

按“混凝土原材料性能指标测试”要求,对拌和前及拌和后、投料前和拌和后、投料后混凝土拌和物中10~20 mm粒径级料进行压碎指标试验,汇总结果见表2-37。

表2-37 D&B4 -9#洞竖井投料还原试验——砂、石混合料10~20 mm粒径级料压碎指标试验结果汇总、统计

10~20 mm粒径级料压碎指标(%)				压碎指标变化量(%)		
标准要求	实测值			拌和后、投料前与拌和前差值	拌和后、投料后与拌和后、投料前差值	拌和后、投料后与拌和前差值
	拌和前	拌和后、投料前	拌和后、投料后			
	(1)	(2)	(3)	(4)=(2)-(1)	(5)=(3)-(2)	(6)=(3)-(1)
≤16	9.7	9.0	9.0	-0.7	0	-0.7

2. 混凝土拌和物性能指标测试

按“混凝土拌和物性能指标测试”要求，对拌和后、投料前和拌和后、投料后混凝土拌和物的坍落度及含气量进行测试，汇总分析结果见表2-38和表2-39。

表2-38　D&B4－9#洞竖井投料还原试验——混凝土拌和物坍落度试验结果汇总、统计

坍落度测试值(mm)				坍落度测试平均值变化量(mm)
拌和后、投料前拌和物		拌和后、投料后拌和物		
单值	平均值	单值	平均值	
(1)	(2)	(3)	(4)	(5)=(4)-(2)
180	186	181	178	-8
190		180		
187		173		

表2-39　D&B4－9#洞竖井投料还原试验——混凝土拌和物含气量试验结果汇总、统计

含气量测试值(%)				含气量测试平均值变化量(%)
拌和后、投料前		拌和后、投料后		
单值	平均值	单值	平均值	
(1)	(2)	(3)	(4)	(5)=(4)-(2)
1.5	1.5	1.2	1.0	-0.5
1.6		0.9		

3. 硬化后混凝土性能指标测试

按“硬化后混凝土性能指标测试”要求，对拌和后、投料前和拌和后、投料后混凝土拌和物进行成型、养护、试验，汇总分析结果见表2-40～表2-42。

表2-40　D&B4－9#洞竖井投料还原试验——硬化后混凝土抗压强度试验结果汇总、统计

立方体试块抗压强度测试值(MPa)				设计抗压强度等级	抗压强度测试平均值变化量(mm)
拌和后、投料前		拌和后、投料后			
单值	平均值	单值	平均值		
(1)	(2)	(3)	(4)	(5)	(6)=(4)-(2)
28.7	29.0	32.1	32.5	C25	3.5
29.1		33.8			
29.3		31.6			

表 2-41　D&B4 - $9^{\#}$洞竖井投料还原试验——硬化后混凝土抗渗性能试验结果汇总、统计

抗渗性能测试值(MPa)		
设计等级	拌和后、投料前	拌和后、投料后
W6	≥W6	≥W6

表 2-42　D&B4 - $9^{\#}$洞竖井投料还原试验——硬化后混凝土抗冻性能试验结果汇总、统计

测试项目	设计抗冻等级	标准要求	拌和后、投料前	拌和后、投料后	测试平均值变化量(%)
			(1)	(2)	(3)=(2)-(1)
质量损失率(%)	F100	<5	0.7	1.0	0.3
相对动弹性模量(%)		>60	64	65	1

(五)TBM2 - $14^{\#}$洞

1. 混凝土原材料性能指标测试

1)骨料质量

细骨料(河砂)的含泥量、泥块含量、表观密度、饱和面干吸水率、堆积密度、空隙率、细度模数以及粗骨料的含泥量、泥块含量、表观密度、针片状颗粒含量、堆积密度、空隙率等参数均合格。

2)砂石混合料颗粒级配试验

在本次试验中砂为河砂、石为河卵石。将拌和前及拌和后、投料前和拌和后、投料后三种工况下的颗粒级配试验结果进行汇总并分析,结果见表 2-43。

表 2-43　TBM2 - $14^{\#}$洞竖井投料还原试验——砂、石混合料颗粒级配试验结果汇总、统计

筛孔尺寸(mm)	累计筛余实测值(%)			累计筛余变化量(%)		
	拌和前	拌和后、投料前	拌和后、投料后	拌和后、投料前与拌和前差值	拌和后、投料后与拌和后、投料前差值	拌和后、投料后与拌和前差值
	(1)	(2)	(3)	(4)=(2)-(1)	(5)=(3)-(2)	(6)=(3)-(1)
31.5	3	2	1	-1	-1	-2
25.0	10	12	7	2	-5	-3
20.0	28	30	20	2	-10	-8
16.0	35	38	28	3	-10	-7
10.0	55	59	51	4	-8	-4
5.00	60	66	61	6	-5	1
2.50	65	71	67	6	-4	2
1.25	74	80	77	6	-3	3
0.63	85	89	87	4	-2	2
0.315	92	95	94	3	-1	2
0.16	98	99	98	1	-1	0

3) 10 ~ 20 mm 粒径级料压碎指标试验

按“混凝土原材料性能指标测试”要求，对拌和前及拌和后、投料前和拌和后、投料后混凝土拌和物中 10 ~ 20 mm 粒径级料进行压碎指标试验，汇总结果见表 2-44。

表 2-44　TBM2 – 14#洞竖井投料还原试验 – 砂、石混合料 10 ~ 20 mm 粒径级料压碎指标试验结果汇总、统计

10 ~ 20 mm 粒径级料压碎指标（%）				压碎指标变化量（%）		
标准要求	实测值			拌和后、投料前与拌和前差值	拌和后、投料后与拌和后、投料前差值	拌和后、投料后与拌和前差值
	拌和前料	拌和后、投料前	拌和后、投料后			
	(1)	(2)	(3)	(4) = (2) – (1)	(5) = (3) – (2)	(6) = (3) – (1)
≤16	9.8	9.7	9.7	–0.1	0	–0.1

2. 混凝土拌和物性能指标测试

按“混凝土拌和物性能指标测试”要求，对拌和后、投料前和拌和后、投料后混凝土拌和物的坍落度及含气量进行测试，汇总分析结果见表 2-45 和表 2-46。

表 2-45　TBM2 – 14#洞竖井投料还原试验 – 混凝土拌和物坍落度试验结果汇总、统计

坍落度测试值（mm）				坍落度测试平均值变化量（mm）
拌和后、投料前		拌和后、投料后		
单值	平均值	单值	平均值	
(1)	(2)	(3)	(4)	(5) = (4) – (2)
240	246	200	208	–38
247		207		
250		216		

表 2-46　TBM2 – 14#洞竖井投料还原试验——混凝土拌和物含气量试验结果汇总、统计

含气量测试值（%）				含气量测试平均值变化量（%）
拌和后、投料前		拌和后、投料后		
单值	平均值	单值	平均值	
(1)	(2)	(3)	(4)	(5) = (4) – (2)
2.8	3.0	2.7	2.7	–0.3
3.1		2.7		

3. 硬化后混凝土性能指标测试

按“硬化后混凝土性能指标测试”要求，对拌和后、投料前和拌和后、投料后混凝土拌和物进行成型、养护、试验，汇总分析结果见表 2-47 ~ 表 2-49。

表 2-47　TBM2－14#洞竖井投料还原试验——硬化后混凝土抗压强度试验结果汇总、统计

立方体试块抗压强度测试值(MPa)				设计抗压强度等级	抗压强度测试平均值变化量(mm)
拌和后、投料前		拌和后、投料后			
单值	平均值	单值	平均值		
(1)	(2)	(3)	(4)	(5)	(6)=(4)-(2)
41.3	39.0	43.0	42.0	C25	3.0
37.8		42.6			
38.0		40.5			

表 2-48　TBM2－14#洞竖井投料还原试验——硬化后混凝土抗渗性能试验结果汇总、统计

抗渗性能测试值		
设计等级	拌和后、投料前	拌和后、投料后
W6	≥W6	≥W6

表 2-49　TBM2－14#洞竖井投料还原试验——硬化后混凝土抗冻性能试验结果汇总、统计

测试项目	设计抗冻等级	标准要求	拌和后、投料前	拌和后、投料后	测试平均值变化量(%)
			(1)	(2)	(3)=(2)-(1)
质量损失率(%)	F100	<5	1.0	1.0	0
相对动弹性模量(%)		>60	65	63	-2

三、可行性分析

结合大伙房水库输水(一期)工程 5 个竖井、不同深度(60～120 m)工况条件,对比竖井投料还原试验结果,分析竖井投料技术在大伙房水库输水隧洞工程中应用的可行性。

竖井投料在大伙房水库和输水工程中应用的可行性分析可从竖井投料对混凝土混合骨料性能影响、对混凝土拌和物性能影响、对硬化后混凝土性能影响三个方面进行。

(一)竖井投料对混凝土混合骨料性能影响综合分析

竖井投料对混凝土混合骨料性能影响综合分析主要从混凝土混合骨料颗粒级配和 10～20 mm 粒径级骨料压碎指标两个方面进行分析,具体如下。

1. 混凝土中砂石混合料级配

竖井投料前后混凝土拌和物混合料粒级变化主要通过累计筛余量变化率来进行分析。其计算方法见式(2-8)和式(2-9),计算结果见表 2-50 和表 2-51,累计筛余量变化率曲线分别如图 2-14和图 2-15 所示。

$$\nu = \frac{g_1 - g_0}{g_0} \times 100 \tag{2-8}$$

$$\nu' = \frac{g_2 - g_1}{g_1} \times 100 \tag{2-9}$$

式中 ν——拌和后、投料前较拌和前筛余量变化率(%)；

ν'——投料后较拌和后、投料前筛余量变化率(%)；

g_0——拌和前单级累计筛余量,g;

g_1——拌和后、投料前单级累计筛余量,g;

g_2——投料后单级累计筛余量,g。

表 2-50 拌和后、投料前较拌和前混合骨料级配(筛余量变化率)试验结果

隧洞编号	ν	累计筛余量变化率(%)										
		31.5	26.5	19	16	9.5	4.75	2.36	1.18	0.6	0.3	0.16
TBM3-16#	ν_1	-41.2	-22.7	-18.8	-16.7	-8.6	-3.3	1.4	1.4	0	0	0
D&B3-7#	ν_2	-83.3	-53.8	-32.1	-24.2	-12.2	-6.7	11.4	13.2	9.6	6.8	4.3
D&B2-6#	ν_3	100.0	45.5	35.7	34.3	15.1	12.1	8.0	3.6	0	-1.0	0
D&B4-9#	ν_4	0	-22.2	-10.3	-5.3	0	14.8	23.5	16.0	12.3	9.1	7.7
TBM2-14#	ν_5	-33.3	20.0	7.1	8.6	7.3	10.0	9.2	8.1	4.7	3.3	1.0
$\nu_{均值}$		-11.6	-6.6	-3.7	-0.7	0.3	5.4	10.7	8.5	5.3	3.6	2.6
$\nu_{范围}$		-83.3 ~ -33.3	-53.8 ~ 20.0	-32.1 ~ 7.1	-24.2 ~ 8.6	-12.2 ~ 7.3	-6.7 ~ 14.8	1.4 ~ 23.5	1.4 ~ 16.0	0 ~ 12.3	0 ~ 9.1	0 ~ 7.7

注:表中 ν_3 值异常偏大,所以未对其做统计之列。

表 2-51 投料后较拌和后、投料前混合骨料级配(筛余量变化率)试验结果

隧洞编号	ν'	累计筛余量变化率(%)										
		31.5	26.5	19	16	9.5	4.75	2.36	1.18	0.6	0.3	0.16
TBM3-16#	ν'_1	80.0	52.9	42.3	34.3	20.8	13.8	8.6	8.1	1.1	1.0	1.0
D&B3-7#	ν'_2	100.0	33.3	42.1	36.0	30.2	21.4	2.6	1.2	1.1	1.1	0
D&B2-6#	ν'_3	-16.7	-6.3	2.6	0	3.3	5.4	6.2	5.8	3.3	2.1	1.0
D&B4-9#	ν'_4	-12.5	7.1	3.8	2.8	-3.6	-7.1	-8.3	-6.9	-4.4	-3.1	-1.0
TBM2-14#	ν'_5	-50.0	-41.7	-33.3	-26.3	-13.6	-7.6	-5.6	-3.8	-2.2	-1.1	-1.0
$\nu'_{均值}$		20.2	9.1	11.5	9.4	7.4	5.2	0.7	0.9	-0.2	0	0
$\nu_{范围}$		-16.7 ~ 100.0	-41.7 ~ 52.9	-33.3 ~ 42.3	-26.3 ~ 36.0	-13.6 ~ 30.2	-7.6 ~ 21.4	-8.3 ~ 8.6	-6.9 ~ 8.1	-4.4 ~ 3.3	-3.1 ~ 2.1	-1.0 ~ 1.0

结合表 2-50 中数据和图 2-14 分析：

(1) D&B2-6#竖井采集数据异常,分析主要原因为原材料级配不良。

(2) 累计筛余量变化率在孔径为 4.75 mm 级以上变化率出现负值,分析其主要原因

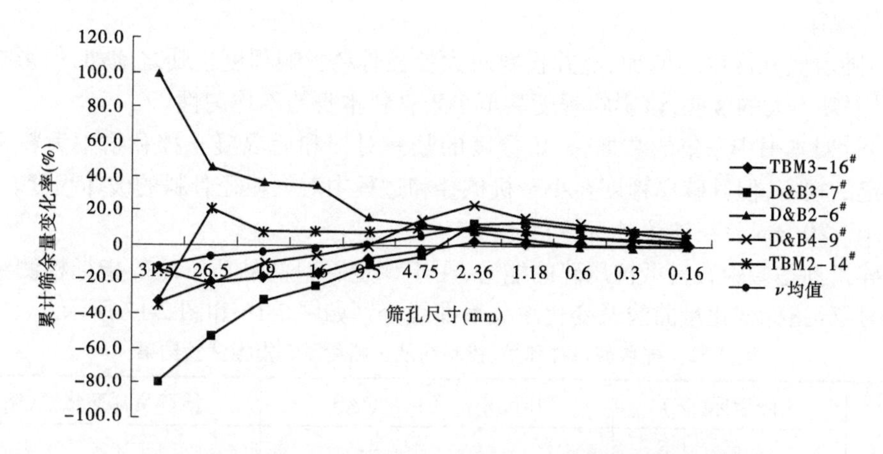

图 2-14　拌和前—拌和后、投料前累计筛余量变化率曲线

为混合料拌和过程中机械损伤或损坏，而并非所有筛余量变化率均为负值，正值的存在也恰恰反映了混合料的不均匀性和骨料质地的差异性以及拌和设备输出功率的差异性。

(3)在孔径为 2.36 mm 处，筛余量变化率出现拐点，结合图 2-14 可知，粒径越大，影响程度越大，在 2.36 mm 孔径筛余量累计变化率达到极大值，该孔径以下累计筛余量变化率逐渐减小并趋于 0，这符合级配分布规律。

(4)在 2.36 mm 孔径以下累计筛余量变化率以正值为普遍分布，但变化率逐渐减小，这种规律也证明了大粒径骨料破碎，导致小粒径料增加。

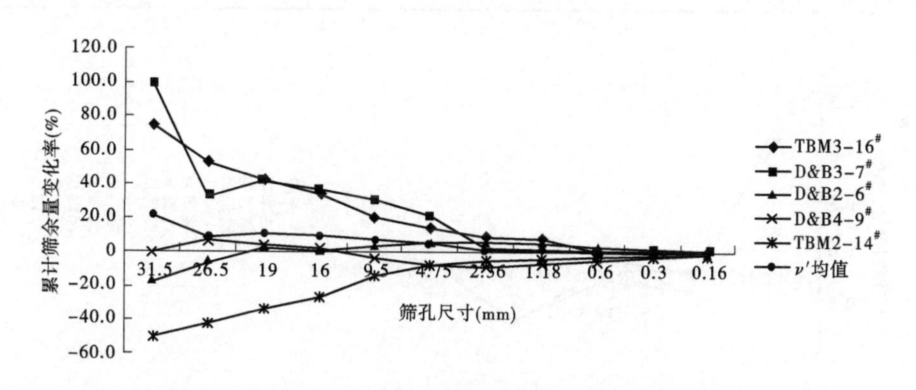

图 2-15　拌和后、投料前—投料后累计筛余量变化率曲线

结合表 2-51 中数据和图 2-15 分析：

(1)D&B2－6#竖井、D&B4－9#竖井和 TBM2－14#竖井，随着竖井深度的增加，大粒径骨料累计筛余量变化率出现负值，呈递增趋势，而且随着孔径的变小，累计筛余量变化率逐渐变小，说明竖井投料对大粒径骨料存在一定的影响。

(2)TBM3－16#竖井和 D&B3－7#竖井大孔径累计筛余变化率呈现正值，分析主要原因是混合料的不均匀性所致。

综合表 2-50、表 2-51 中数据和图 2-14、图 2-15 对比分析可知：

(1)拌和机械在拌和的过程中，对混凝土中粗骨料会带来一定的损伤或损坏，而且存在一定的规律。

(2)随着竖井深度的增加,竖井投料对大粒径骨料影响程度也随之增加,但影响程度甚微,对深度不大的竖井,该影响程度甚至小于骨料本身的不均匀性。

(3)针对本书中采集的数据,一定深度的竖井对拌和后混凝土拌和物中大粒径骨料会有一定的损害,但其破坏程度要小于机械拌和过程中对大粒径骨料的破坏程度。

2. 10 ~20 mm 粒径级骨料压碎指标

压碎指标是检验石料抵抗压碎的能力,用于评定石料的品质。压碎指标检测结果见表 2-52,压碎指标变化量曲线及变化率关系曲线分别如图 2-16 和图 2-17 所示。

表 2-52　拌和前与拌和后、投料前及投料后压碎指标试验结果

隧洞编号	压碎指标(%)			压碎指标变化量(%)			压碎指标变化率(%)		
	拌和前(1)	拌和后、投料前(2)	投料后(3)	(2)-(1)	(3)-(2)	(3)-(1)	[(2)-(1)]×100/(1)	[(3)-(2)]×100/(2)	[(3)-(1)]×100/(1)
TBM3-16#	7.7	8.8	9.0	1.1	0.2	1.3	14.3	2.3	14.4
D&B3-7#	7.5	7.3	7.1	-0.2	-0.2	-0.4	-2.7	-2.7	-5.6
D&B2-6#	8.4	8.2	8.1	-0.2	-0.1	-0.3	-2.4	-1.2	-3.7
D&B4-9#	9.7	9.0	9.0	-0.7	0	-0.7	-7.2	0	-7.8
TBM2-14#	9.8	9.7	9.7	-0.1	0	-0.1	-1.0	0	-1.0

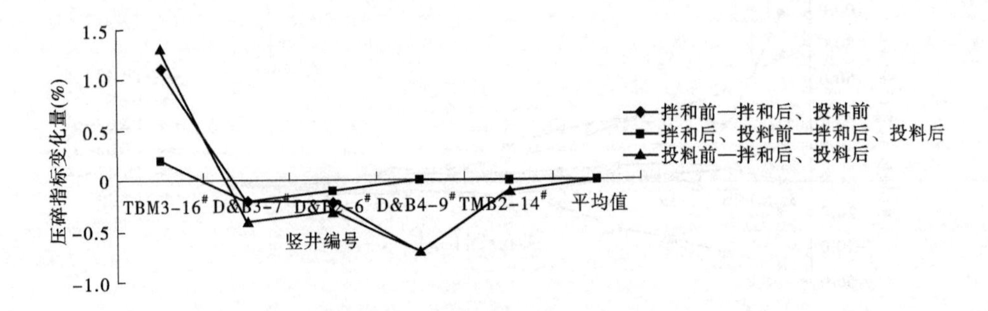

图 2-16　三种工况下 5 个竖井混合骨料压碎指标变化量曲线

结合表 2-52 中数据和图 2-16 和图 2-17 分析:

(1)拌和后、投料前较拌和前骨料压碎指标普遍存在的规律是有所降低,但是幅度很小。5 组试验中有 4 组变化量为 -0.7% ~ -0.1%(变化率为 -7.2% ~ -1.0%),1 组变化量为 1.1%(变化率为 14.3%),分析原因主要为拌和过程中,机械损伤所致。

(2)投料后较拌和后、投料前骨料压碎指标有变小趋势,但是变化不明显。5 组试验中有 2 组变化量为 -0.2% ~ -0.1%(变化率为 -2.7% ~ -1.2%),2 组变化量为 0(变化率为 0),1 组变化量为 0.2%(变化率为 2.3%)。说明竖井投料对压碎指标有影响,但影响甚微。

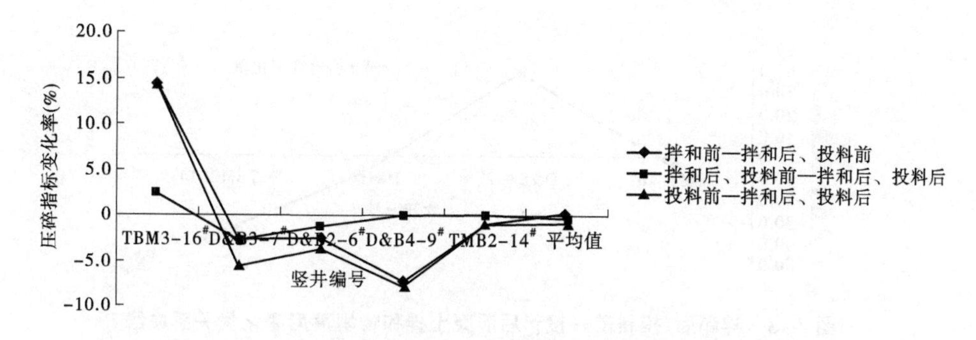

图 2-17　三种工况下 5 个竖井混合骨料压碎指标变化率关系曲线

(3)投料后较拌和前骨料压碎指标普遍呈降低趋势,由于影响的累计导致变化量稍变大。5 组试验中有 4 组变化量为 -0.7% ~ -0.1%(变化率为 -7.8% ~ -1.0%),1 组变化量为 1.3%(变化率为 14.4%)。

(4)但是,通过数据的纵向分析,随着竖井深度的增加,压碎指标的降低并未表现出明显的规律性,说明随着竖井深度的增加,压碎指标影响甚微,骨料质地及不均匀性也是压碎指标变化无规律性的另一方面原因。

综上分析:

(1)机械拌和过程对骨料压碎指标有一定的影响,但影响程度并不是很大。

(2)竖井投料对骨料压碎指标也有一定的影响,但影响小于机械拌和影响程度。

(3)随着竖井深度在一定范围内的增加,竖井投料对骨料压碎指标影响的规律性并不是很强,这也是受骨料的不均匀性和质地影响所致。

(二)竖井投料对混凝土拌和物性能影响综合分析

1. 混凝土拌和物坍落度

混凝土拌和物坍落度主要用以评定混凝土拌和物和易性;检测结果见表 2-53,其坍落度变化量关系曲线及坍落度变化率关系曲线分别如图 2-18 和图 2-19 所示。

表 2-53　拌和后、投料前与投料后混凝土拌和物坍落度试验结果

隧洞编号	坍落度试验			
	坍落度值(mm)		变化量(mm)	变化率(%)
	拌和后、投料前	投料后		
TBM3 - 16#	173.0	168.0	-5	-2.9
D&B3 - 7#	124.0	163.0	39	31.5
D&B4 - 9#	186.0	178.0	-8	-4.3
TBM2 - 14#	246.0	208.0	-38	-15.4

结合表 2-53 中数据和图 2-18 和图 2-19 分析:

(1)4 组试验中有 3 组变化量为 -38 ~ -5 mm(变化率为 -15.4% ~ -2.9%),1 组变化量为 39 mm(变化率为 31.5%)。

(2)投料后较拌和后、投料前混凝土拌和物坍落度变化量总体呈现变小趋势,但随着

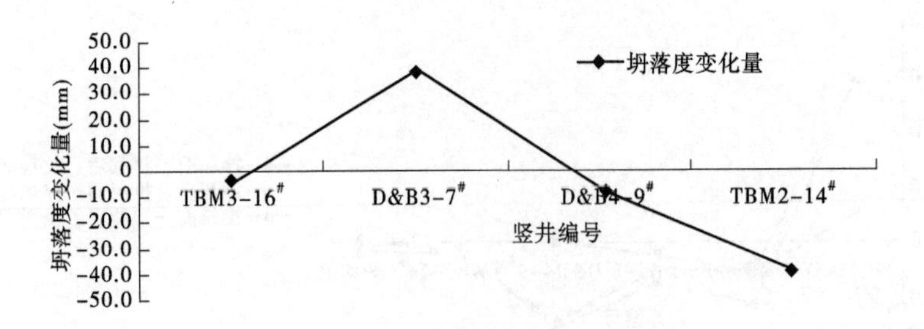

图 2-18　拌和后、投料前—投料后混凝土拌和物坍落度变化量关系曲线

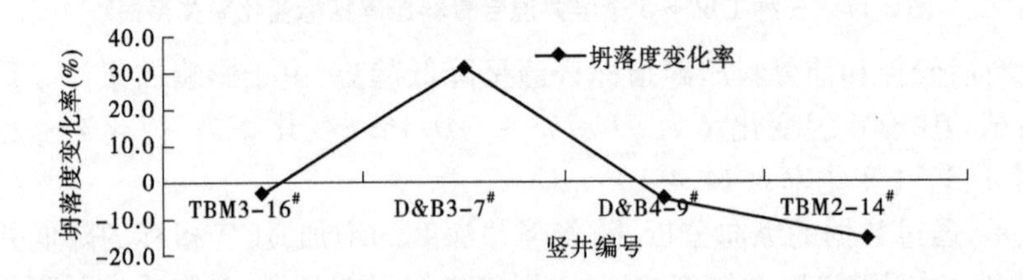

图 2-19　拌和后、投料前—投料后混凝土拌和物坍落度变化率关系曲线

竖井深度的增加,变化量有变大的趋势,但不是很明显。

综上分析:竖井投料对混凝土拌和物坍落度有一定的损失,但随着竖井深度在一定范围内增加,坍落度损失量并不是很大,而且规律性也不是很明显。

2. 混凝土拌和物含气量

含气量用以测定混凝土拌和物中的含气量,主要是在施工过程中间接为混凝土抗冻性能控制提供参考数据。检测结果见表 2-54,含气量变化量关系曲线及含气量变化率关系曲线分别如图 2-20 和图 2-21 所示。

表 2-54　拌和后、投料前与投料后混凝土拌和物含气量试验结果

隧洞编号	含气量试验			
	含气量参数(%)		变化量(%)	变化率(%)
	拌和后、投料前	投料后		
TBM3 - 16#	1.7	1.7	0	0
D&B3 - 7#	2.9	3.0	0.1	0
D&B4 - 9#	1.5	1.0	-0.5	-0.3
TBM2 - 14#	3.0	2.7	-0.3	-0.1

结合表 2-54 中数据和图 2-20 与图 2-21 分析:

(1)4 组含气量试验中有 2 组变化量为 -0.5% ~ -0.3%(变化率为 -0.3% ~ -0.1%),2 组变化量为 0(变化率均为 0)。

(2)竖井投料对混凝土拌和物含气量有一定的影响,有损失,但损失量也甚微。

(3)随着竖井深度在一定范围内的增加,含气量损失的规律性不是很强。

综合以上分析,竖井投料使混凝土拌和物中含气量有一定的损失,但随着竖井深度在一定范围内的增加,含气量损失量并不是很大,而且规律性不是很明显。

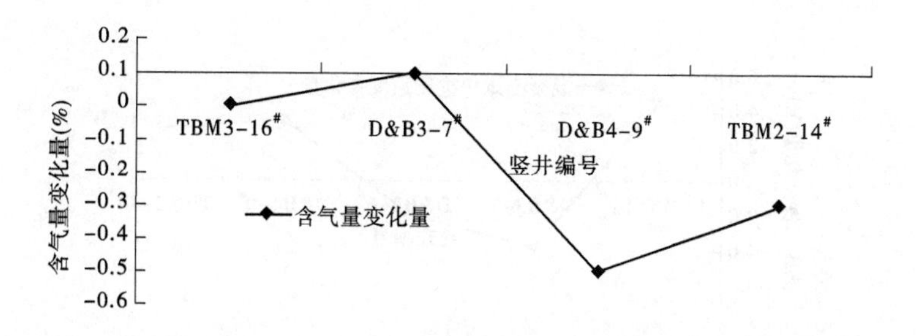

图 2-20　拌和后、投料前—投料后混凝土拌和物含气量变化量关系曲线

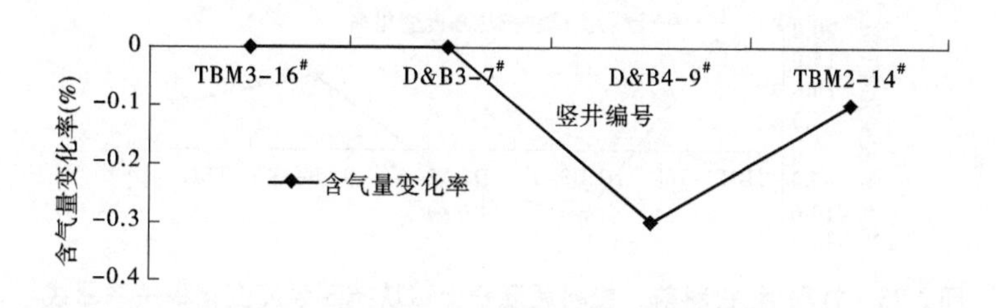

图 2-21　拌和后、投料前—投料后混凝土拌和物含气量变化率关系曲线

(三)竖井投料对硬化后混凝土性能影响综合分析

由于硬化后混凝土抗压强度受其原材料(含掺合料,如外加剂等)种类影响较大,因此本节主要以满足设计要求为主,适当展开分析、讨论。

1. 混凝土试块抗压强度

测定混凝土标准立方体(150 mm×150 mm×150 mm)抗压强度。检测结果见表 2-55,混凝土试块抗压强度变化量关系曲线及变化率关系曲线分别如图 2-22 和图 2-23 所示。

表 2-55　拌和后、投料前与投料后混凝土试块抗压强度试验结果

隧洞编号	取样位置	抗压强度(MPa)				强度平均值变化量(MPa)	强度平均值变化率(%)
		第 1 组	第 2 组	第 3 组	平均值		
TBM3-16#	拌和后、投料前	24.0	25.2	27.6	25.6	4.5	17.6
	投料后	30.3	29.3	30.8	30.1		
D&B3-7#	拌和后、投料前	33.8	36.1	37.0	35.6	-3.9	-11.0
	投料后	32.0	31.9	31.2	31.7		
D&B2-6#	拌和后、投料前	43.2	44.3	43.8	43.8	-2.0	-4.6
	投料后	42.7	43.2	39.4	41.8		
D&B4-9#	拌和后、投料前	28.7	29.1	29.3	29.0	3.5	12.1
	投料后	32.1	33.8	31.6	32.5		
TBM2-14#	拌和后、投料前	41.3	37.8	38.0	39.0	3.0	7.7
	投料后	43.0	42.6	40.5	42.0		

结合表 2-55 中数据及图 2-22 和图 2-23 分析:

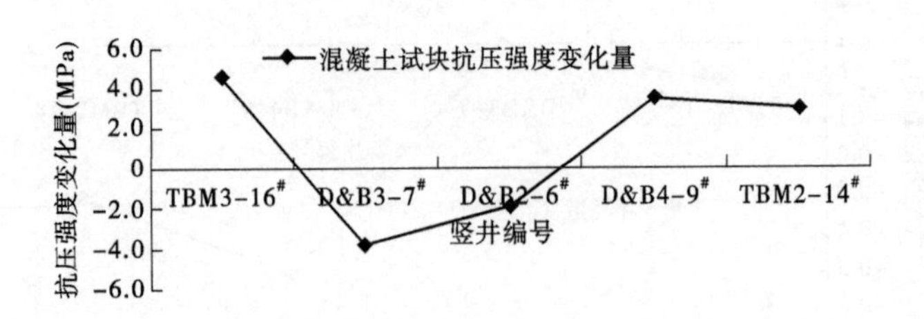

图 2-22　拌和后、投料前—投料后混凝土试块抗压强度变化量关系曲线

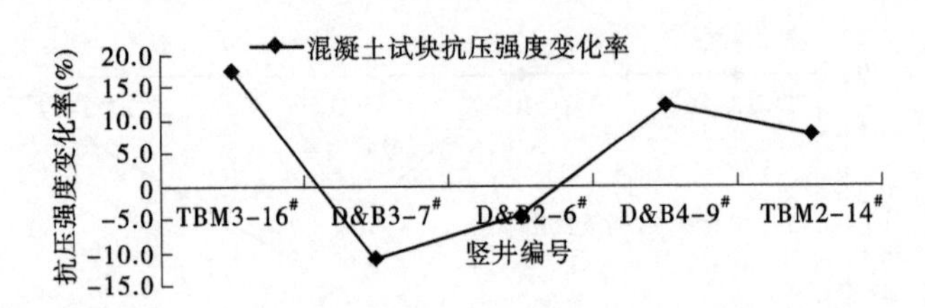

图 2-23　拌和后、投料前—投料后混凝土试块抗压强度变化率关系曲线

(1)5 组试验中,有 2 组试件强度偏低,3 组试件强度偏高,强度值变化量不大。

(2)投料后较拌和后、投料前混凝土抗压强度值变化范围为 -3.9 ~4.5 MPa(变化率为 -11.0% ~17.6%)。

(3)随着竖井深度在一定范围内增加,混凝土试块抗压强度并未表现出明显的规律性。

综上所述,竖井投料对混凝土强度影响很小,而且由于原材料、环境等诸多因素的影响,导致随着竖井深度在一定范围内增加,混凝土抗压强度的变化并未呈现出明显的规律性。

2. 混凝土试块抗冻、抗渗性能

混凝土试块的抗冻和抗渗性能受混凝土原材料和外加剂的影响尤为突出,因此本节仅根据试验结果与设计等级进行比对,不做展开讨论、分析。

根据设计,混凝土试块耐久性主要从抗冻、抗渗性能两个方面进行检测,检测结果见表 2-56。

表 2-56　拌和后、投料前与投料后混凝土试块抗冻、抗渗性能试验结果

隧洞编号	抗渗性能(设计等级 W6)			抗冻性能(设计等级 F100)			
	拌和后、投料前	投料后	单项评定	质量损失率(%)/相对动弹性模量(%)		变化量(%)	单项评定
				投料前	投料后		
TBM3 - 16#	> W6	> W6	满足设计	0.3/65	1.0/70	0.7/5	满足设计
D&B3 - 7#	> W6	> W6	满足设计	0/67	0/64	0/ - 3	满足设计
D&B2 - 6#	—	—	—	—	—	—	—
D&B4 - 9#	—	—	—	—	—	—	—
TBM2 - 14#	> W6	> W6	满足设计	1.0/65	0/63	- 1.0/ - 2	满足设计

由表2-56中数据分析:

(1)拌和后、投料前和投料后混凝土试块抗渗性能均满足设计要求(>W6)。

(2)拌和后、投料前和投料后混凝土试块抗冻性能均满足设计要求(>F100)。

四、小结

以竖井投料还原试验为主,在大伙房水库竖井投料还原试验结果的基础上,分析了大伙房水库输水工程隧洞施工中竖井深度在60~120 m范围内投料对混凝土性能指标的影响。通过对混凝土拌和前后骨料性能影响、混凝土拌和后投料前后坍落度及含气量影响及投料后混凝土硬化后抗压、抗冻、抗渗性能的影响,得出以下结论:

(1)竖井投料对混凝土中大粒径骨料有一定的损害,在本书研究的竖井深度范围内,其破坏程度要小于机械拌和过程中对大粒径骨料的破坏程度。竖井投料对骨料压碎指标也有一定的影响,但影响甚微,甚至小于机械拌和影响程度。

(2)竖井投料对混凝土拌和物坍落度及含气量均有一定的影响,但影响程度较小。

(3)竖井投料对混凝土强度影响很小,通过试验数据分析,竖井投料后的混凝土试块抗渗及抗冻性均能满足设计要求。

(4)竖井深度(60~120 m)对骨料级配、压碎指数、混凝土拌和物坍落度及含气量、抗压强度、抗渗性和抗冻性的影响并未呈现出明显的规律性,表明竖井投料可应用到更深的隧洞中去。

综合以上分析可得出结论,竖井投料技术对混凝土骨料及混凝土拌和物性能指标有一定影响,但与混凝土在拌和施工过程受到的机械、拌和材料及环境等因素的影响相比,竖井投料对混凝土性能的影响较小,甚至低于拌和施工过程中机械的影响,竖井投料对混凝土性能的影响是施工过程中可以承受的。同时,竖井投料深度对混凝土性能影响不明显,表明在缓冲措施适当的情况下竖井投料技术还可应用到更深的隧洞中去。因此,在隧洞混凝土施工中,竖井投料混凝土方案是可行的。

第三章　检测技术

第一节　原材料和中间产品质量控制

一、原材料检测关键技术

隧洞工程过程检测中对原材料控制常见的质量检测技术要求见表 3-1。

表 3-1　隧洞工程过程检测中对原材料控制常见的质量检测技术要求

序号	检测项目		检测参数/质量要求	执行规范
1	水泥		细度/比表面积、凝结时间、安定性、胶砂强度、碱含量、氧化镁含量、三氧化硫含量、氯离子含量、烧失量	《通用硅酸盐水泥》(GB 175—2007)
2	粉煤灰		细度、烧失量、需水量比、三氧化硫含量、碱含量、氯离子含量、游离氧化钙、含水量、安定性、强度活性指数	《用于水泥和混凝土中的粉煤灰》(GB/T 1596—2017)
3	钢材	钢筋	公称直径、抗拉强度、屈服强度、断后伸长率、最大力总伸长率、冷弯、化学成分	《钢筋混凝土用钢　第 1 部分:热轧光圆钢筋》(GB 1499.1—2017)
				《钢筋混凝土用钢　第 2 部分:热轧带肋钢筋》(GB 1499.2—2018)
		型钢	屈服强度、抗拉强度、断后伸长率、弯曲、化学成分、冲击试验	《碳素结构钢》(GB/T 700—2006)
				《低合金高强度结构钢》(GB/T 1591—2008)
				《热轧 H 型钢和剖分 T 型钢》(GB/T 11263—2017)
4	止水材料	止水铜片	抗拉强度、延伸率、弯曲、相对密度、熔点	《水工混凝土施工规范》(DL/T 5144—2015)
				《地下防水工程质量验收规范》(GB 50208—2011)
		止水钢片	屈服强度、抗拉强度、断后伸长率、弯曲、化学成分	《碳素结构钢》(GB/T 700—2006)
				《低合金高强度结构钢》(GB/T 1591—2008)
				《地下防水工程质量验收规范》(GB 50208—2011)
		金属防水板焊缝质量检测	裂纹、未熔合、夹渣、焊瘤、咬边、烧穿、弧坑、针状气孔	《地下防水工程质量验收规范》(GB 50208—2011)
			探伤:超声、射线等	

续表 3-1

序号	检测项目	检测参数/质量要求		执行规范
4	止水材料	橡胶止水带	邵尔硬度、拉伸强度,扯断伸长率、撕裂强度、压缩永久变形、脆性温度、热空气老化(硬度、拉伸强度,扯断伸长率)、臭氧老化(50 pphm:20%,48 h),橡胶与金属黏合	《高分子防水材料 第2部分:止水带》(GB 18173.2—2014)
		止水条	硬度、拉伸强度、伸长率、体积膨胀倍率、反复浸水试验(拉伸强度、伸长率、体积膨胀倍率)、低温弯折	《高分子防水材料 第3部分:遇水膨胀橡胶》(GB/T 18173.3—2014)
5	硅灰	比表面积、SiO_2 含量、总碱量、氯离子含量、烧失量、含水率(粉料)、需水量比、活性指数(7 d快速法)、放射性、抗氯离子渗透性、固含量(液料)		《砂浆和混凝土用硅灰》(GB/T 27690—2011)
6	脱模剂	密度、黏度、pH值、固体含量、稳定性、干燥成膜时间、脱模性能、耐水性能、对钢模具锈蚀作用、极限使用温度		《混凝土制品用脱模剂》(JC/T 949—2005)
7	外加剂	速凝剂	净浆初凝结时间、净浆终凝结时间、1 d抗压强度、28 d抗压强度比、氯离子含量、含固量、pH值、硫酸钠含量、碱含量、密度、细度、含水率	《喷射混凝土用速凝剂》(JC 477—2005)
		减水剂	减水率、泌水率比、含气量、初凝和终凝时间差、1 h经时变化量、收缩率比、抗压强度比、硫酸钠含量(折固后)、氯离子含量(折固后)、总碱量(折固后)、pH值、含固量、密度、相对耐久性、含水率、细度	《混凝土外加剂》(GB 8076—2008)
		引气剂	减水率、泌水率比、含气量、初凝和终凝时间差、1 h经时变化量、收缩率比、抗压强度比、硫酸钠含量(折固后)、氯离子含量(折固后)、总碱量(折固后)、pH值、含固量、密度、相对耐久性、含水率、细度	
		锚固剂	规格尺寸、表观密度、凝结时间、抗压强度、锚固力、膨胀率	《水泥锚杆 锚固剂》(MT/T 219—2002)
8	抗裂防水剂	安定性、泌水率比、初凝和终凝时间差、吸水量比、抗压强度比、收缩率比、渗透高度比、氯离子含量、氧化镁含量、总碱含量、细度、限制膨胀率		《混凝土膨胀剂》(GB 23439—2009) 《砂浆、混凝土防水剂》(JC 474—2008)

其中，速凝剂的净浆初凝结时间的检测是重点关注的参数。

二、中间产品检测关键技术

隧洞工程过程检测中对中间产品控制常见的质量检测技术要求见表 3-2。

表 3-2　隧洞工程过程检测中对中间产品控制常见的质量检测技术要求

<table>
<tr><th>序号</th><th>检测项目</th><th colspan="2">检测参数/质量要求</th><th>执行规范</th></tr>
<tr><td rowspan="2">1</td><td rowspan="2">细骨料</td><td colspan="2" rowspan="2">颗粒级配、细度模数、含泥量、泥块含量、云母含量、轻物质、有机物、硫化物及硫酸盐、氯化物、坚固性、表观密度、堆积密度、空隙率、含水率、饱和面干吸水率、碱集料反应</td><td>《建设用砂》(GB/T 14684—2011)</td></tr>
<tr><td>《水工混凝土施工规范》(DL/T 5144—2015)</td></tr>
<tr><td rowspan="2">2</td><td rowspan="2">粗骨料</td><td colspan="2" rowspan="2">颗粒级配、含泥量、针片状颗粒含量、压碎值、泥块含量、云母含量、轻物质、有机物、硫化物及硫酸盐、氯化物、坚固性、表观密度、堆积密度、空隙率、含水率、饱和面干吸水率、碱集料反应、超逊径、软弱颗粒</td><td>《建设用卵石、碎石》(GB/T 14685—2011)</td></tr>
<tr><td>《水工混凝土施工规范》(DL/T 5144—2015)</td></tr>
<tr><td rowspan="2">3</td><td rowspan="2">焊接质量</td><td>钢筋</td><td>焊缝长度、抗拉强度、断裂情况</td><td>《钢筋焊接及验收规程》(JGJ 18—2012)</td></tr>
<tr><td>钢材</td><td>焊缝长度、抗拉强度、断裂情况</td><td>《焊接接头拉伸试验方法》(GB/T 2651—2008)</td></tr>
<tr><td>4</td><td>拌和用水</td><td colspan="2">不溶物、可溶物、pH 值、氯离子、硫酸根离子、碱含量</td><td>《混凝土用水标准》(JGJ 63—2006)</td></tr>
<tr><td>5</td><td>灌浆材料</td><td colspan="2">比表面积、流动度、水下不分散性、结石率、流动度保持时间、初凝时间、抗压强度、水中自由膨胀率</td><td>产品执行规范</td></tr>
<tr><td>6</td><td>坍落度</td><td colspan="2">满足设计要求</td><td rowspan="3">《普通混凝土拌合物性能试验方法标准》(GB/T 50080—2016)</td></tr>
<tr><td>7</td><td>表观密度</td><td colspan="2">满足设计要求</td></tr>
<tr><td>8</td><td>含气量</td><td colspan="2">满足设计要求</td></tr>
<tr><td rowspan="2">9</td><td rowspan="2">骨料合成级配</td><td colspan="2" rowspan="2">满足《建设用卵石、碎石》(GB/T 14685—2011)级配要求</td><td>《公路工程水泥及水泥混凝土试验规程》(JTG E30—2005)</td></tr>
<tr><td>《水泥混凝土拌合物配合比分析试验方法》(T 0529—2005)</td></tr>
</table>

续表 3-2

<table>
<tr><th>序号</th><th colspan="2">检测项目</th><th>检测参数/质量要求</th><th>执行规范</th></tr>
<tr><td rowspan="4">10</td><td rowspan="4">混凝土</td><td rowspan="2">抗压</td><td>喷射混凝土:满足设计要求</td><td>《水利水电工程锚喷支护技术规范》(SL 377—2007)</td></tr>
<tr><td>衬砌混凝土:满足设计要求</td><td>《普通混凝土力学性能试验方法标准》(GB/T 50081—2002)</td></tr>
<tr><td>抗渗</td><td>满足设计要求</td><td rowspan="2">《普通混凝土长期性能和耐久性能试验方法标准》(GB/T 50082—2009)</td></tr>
<tr><td>抗冻</td><td>满足设计要求</td></tr>
</table>

其中,喷射混凝土所用原材料及混合料的施工质量检测应遵守下列规定:

(1)水泥和外加剂均应有厂方的合格证。水泥品质应符合设计要求;检查数量,每200 t水泥取样一组。

(2)每批材料到达工地后应进行质量检查,合格后方可使用。

(3)混合料的配合比及拌和质量,每班作业至少检查两次,条件变化时应及时检查。

(4)有防渗要求的喷射混凝土支护,应按相关规程规定进行抗渗指标的测定。取样的数量、方法及部位应符合相关规范要求。

(5)采用喷射混凝土对建筑物补强加固或设计有特殊要求时,应按规程规定进行喷射混凝土与原结构面黏结力的测定,取样数量不应少于3组,每组不少于3块试件。

(6)喷射混凝土结构在0 ℃以下条件工作时,应对喷射混凝土进行抗冻性能的检验。抗冻检验的试件制备、取样方法和部位可按相关规范规定进行。

第二节 工程实体质量检测

隧洞工程实体控制常见的质量检测技术要求见表3-3。

实体质量检测需要重点关注的参数包括以下几个方面:

(1)初级衬砌结构。锚杆抗拔力、锚杆长度、灌浆密实度、喷射混凝土厚度、喷射混凝土抗压强度(钻芯法和大板法)、黏结力等。

(2)二级衬砌结构。模筑混凝土抗压强度(钻芯法和回弹法)、模筑混凝土抗冻性(硬化混凝土气泡参数)、模筑混凝土保护层厚度、钢筋数量、钢筋间距、混凝土衬砌厚度、预埋件、内部缺陷等(探地雷达法)等。

下面将结合工程实例选择上述有代表性的参数展开研究,提出相关检测关键技术。

表3-3 隧洞工程实体控制常见的质量检测技术要求

<table>
<tr><th>序号</th><th colspan="2">检验项目</th><th>质量要求/参数</th><th>执行规范</th></tr>
<tr><td>1</td><td colspan="2">基面清理</td><td>满足设计及规范要求/芯样获取率、芯样外观</td><td>《水工碾压混凝土施工规范》(SL 53—1994)第5.4.6条</td></tr>
<tr><td rowspan="6">2</td><td rowspan="6">混凝土</td><td rowspan="2">外观</td><td rowspan="2">符合设计及规范要求/表面平整度、断面尺寸、重要部位缺损、麻面、蜂窝、孔洞、错台、跑模、掉角、裂缝</td><td>《水利水电工程单元工程施工质量验收评定标准——混凝土工程》(SL 632—2012)</td></tr>
<tr><td>《铁路隧道工程施工质量验收标准》(TB 10417—2003)</td></tr>
<tr><td rowspan="2">力学性能</td><td rowspan="2">满足设计要求/表面强度回弹法、抗压强度钻芯法</td><td>《回弹法检测混凝土抗压强度技术规程》(JGJ/T 23—2011)</td></tr>
<tr><td>《钻芯法检测混凝土强度技术规程》(CECS 03—2007)</td></tr>
<tr><td rowspan="2">耐久性</td><td rowspan="2">满足设计要求/抗渗、抗冻(钻芯法)</td><td>《混凝土结构现场检测技术标准》(GB/T 50784—2013)第5.2条</td></tr>
<tr><td>《混凝土结构现场检测技术标准》(GB/T 50784—2013)第5.4条</td></tr>
<tr><td>3</td><td colspan="2">锚杆锚固质量</td><td>满足设计要求/抗拔力试验</td><td>《水利水电工程锚喷支护技术规范》(SL 377—2007)</td></tr>
<tr><td>4</td><td colspan="2">混凝土中钢筋检测</td><td>满足设计及规范要求/混凝土保护层厚度、钢筋数量、钢筋间距、混凝土衬砌厚度</td><td>《铁路隧道衬砌质量无损检测规程》(TB 10223—2004)地质雷达法</td></tr>
<tr><td rowspan="2">5</td><td rowspan="2" colspan="2">衬砌内部缺陷检测</td><td rowspan="2">满足设计及规范要求/混凝土内部缺陷、与围岩接触面脱空</td><td>《铁路隧道衬砌质量无损检测规程》(TB 10233—2004)</td></tr>
<tr><td>《混凝土结构现场检测技术标准》(GB/T 50784—2013)</td></tr>
<tr><td>6</td><td colspan="2">灌浆工程</td><td>满足设计及规范要求</td><td>《水工建筑物水泥灌浆施工技术规范》(DL/T 5148—2012)</td></tr>
</table>

一、混凝土抗压强度检测技术

混凝土抗压强度检测主要采用标准试块法、回弹法、超声回弹综合法、钻芯法和喷大板切割法等。

(一)标准试块法

该方法用于测定混凝土立方体试件的抗压强度。

1. 仪器设备要求

(1)压力机或万能试验机:试件的预计破坏荷载宜为试验机全量程的20%～80%。

试验机应定期校正,示值误差不应超过标准值的 ±1%。

(2)钢制垫板:尺寸比试件承压面稍大,平整度误差不应大于边长的 0.02%。

2. 制样及试验要求

(1)将规格为 150 mm×150 mm×150 mm 的立方体试块成型和养护至试验龄期,从养护室取出试件,并尽快试验。试验前需用湿布覆盖试件,防止试件干燥。

(2)试验前将试件擦拭干净,测量尺寸,并检查其外观,当试件有严重缺陷时,应废弃。试件尺寸测量精确至 1 mm,并据此计算试件的承压面面积。如实测尺寸与公称尺寸之差不超过 1 mm,可按公称尺寸进行计算。试件承压面的不平整度误差不得超过边长的 0.05%,承压面与相邻面的不垂直度不应超过 ±1°。

(3)将试件放在试验机下压板正中间,上、下压板与试件之间宜垫以钢垫板,试件的承压面应与成型时的顶面相垂直。开动试验机,当上垫板与上压板即将接触时如有明显偏斜,应调整球座,使试件受压均匀。

(4)以 0.3～0.5 MPa/s 的速度连续而均匀地加荷。当试件接近破坏面开始迅速变形时,停止调整油门,直至试件破坏,记录破坏荷载。

3. 抗压强度的判定

(1)混凝土立方体抗压强度按下式计算(精确至 0.1 MPa):

$$f_{cc} = \frac{P}{A} \tag{3-1}$$

式中　f_{cc}——抗压强度,MPa;

P——破坏荷载,N;

A——试件承压面面积,mm^2。

(2)以 3 个试件测值的平均值作为该组试件的抗压强度试验结果。单个测值与平均值允许差值为 ±15%,超过时应将该测值剔除,取余下两个试件值的平均值作为试验结果。如一组中可用测值少于 2 个,该组试验应重做。

(二)回弹法

混凝土回弹仪是用一弹簧驱动弹击锤并通过弹击杆弹击混凝土表面所产生的瞬时弹性变形的恢复力,使弹击锤带动指针弹回并指示出弹回的距离。以回弹值(弹回的距离与冲击前弹击锤至弹击杆的距离之比,按百分比计算)作为混凝土抗压强度相关的指标之一,来推定混凝土的抗压强度。它是用于无损检测结构或构件混凝土抗压强度的一种仪器。

由于回弹仪轻便、灵活、价廉、无须电源、易掌握,非常适合现场建筑工地使用,加之相应的回弹仪检定规程及回弹法检测混凝土抗压强度技术规程的制定、实施,保证了其检测精度,目前已在我国各行业得到广泛应用。

1. 仪器分类及要求

回弹仪按其冲击动能的大小,分为重型、中型、轻型和特轻型回弹仪四种。其中,中型回弹仪的冲击动能为 2.207 J,可供重型构件、路面、大体积混凝土的强度检测。对于大型混凝土构件或强度较高的混凝土,宜采用重型回弹仪(标称动能为 29.4 J)检测。两种设备对比见图 3-1。

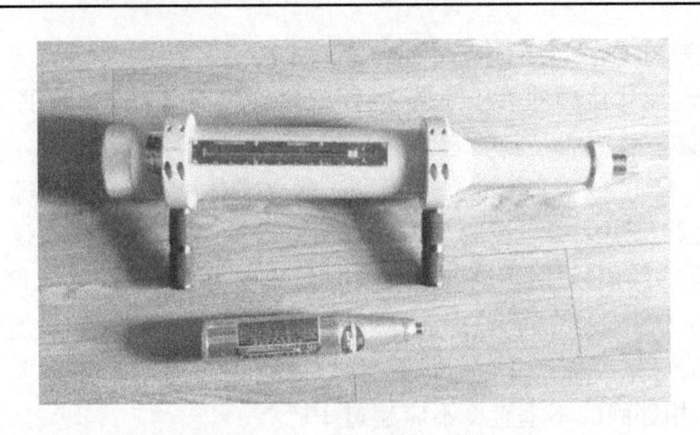

图 3-1　重型回弹仪(上)和中型回弹仪(下)设备对比

(1)在被测混凝土结构或构件上均匀布置测区,测区数不小于 10 个。测区面积:中型回弹仪为 400 cm^2,重型回弹仪为 2 500 cm^2。

(2)根据混凝土结构、构件厚度或骨料最大粒径,选用回弹仪。

①混凝土结构或构件厚度不大于 60 cm,或骨料最大粒径不大于 40 mm,宜选中型回弹仪。

②混凝土结构或构件厚度大于 60 cm,或骨料最大粒径大于 40 mm,宜选重型回弹仪。

(3)检验回弹仪的标准状态应符合以下要求:

①弹击锤与弹击杆碰撞的瞬间,弹击拉簧应处于自由状态,此时弹击锤起跳点应相应于指针指示刻度尺上的"0"位处。

②将回弹仪在钢砧上进行率定,中型回弹仪率定值"N"为 80 ± 2;重型回弹仪率定值"N"为 63 ± 2。

(4)当回弹仪不符合标准状态时,不得用于工程测量。

2. 检测要求

(1)每个测区应弹击 16 点。两测点间距一般不小于 50 mm。当一个测区有两个测面时,每一个测面弹击 8 点;不具备两个测面的测区,可在一个测面上弹击 16 点。

(2)回弹值测试面要清洁、平整,测点应避开气孔或外露石子。一个测点只允许弹击一次。

(3)弹击时,回弹仪的轴线应垂直于结构或构件的混凝土表面,缓慢均匀施压,不宜用力过猛或突然冲击。

(4)读数时可将回弹仪顶住表面,或按下按钮,锁住机芯。

(5)当出现回弹值"N"过高或过低,应查明原因。可在该测点附近(约 30 mm)补测,舍弃原测点。

(6)碳化深度测量应按以下步骤进行:

①当测试完毕后,一般可用电动冲击钻在回弹值的测区内,钻一个直径 20 mm、深 70 mm 的孔洞,测量混凝土碳化深度。

②测量混凝土碳化深度时,应将孔洞内的混凝土粉末清除干净,用 1.0% 酚酞乙醇溶液(含 20% 的蒸馏水)滴在孔洞内壁的边缘处,再用钢尺测量混凝土碳化深度值 L(不变

色区的深度)，读数精度为0.5 mm。

③当测量的碳化深度小于0.4 mm时，则按无碳化处理。

3. 检测结果处理及评定

(1)从测区的16个回弹值中，舍弃3个最大值和3个最小值，将余下的10个回弹值按下式计算测区平均回弹值 m_N(精确至0.1)：

$$m_N = \frac{1}{10}\sum_{i=1}^{10} N_i \tag{3-2}$$

式中　m_N——测区平均回弹值；

N_i——第 i 个测点回弹值($i=1,2,3,\cdots,10$)。

(2)当回弹仪在非水平方向测试时，需要角度换算成水平方向测试的测区平均回弹值 m_N(精确至0.1)：

$$m_N = m_{N\alpha} + \Delta N_\alpha \tag{3-3}$$

式中　$m_{N\alpha}$——回弹仪与水平方向成 α 角测试时测区的平均回弹值；

ΔN_α——按不同测试角度 α 查表所得的回弹修正值。

(3)推定混凝土强度的回弹值应是水平方向测试的回弹值 m_N。

(4)在推定混凝土强度时，宜优先采用专用混凝土强度公式。专用混凝土强度公式的建立，可参考SL 352—2006的规定进行。

(5)当无专用混凝土强度公式时，可根据回弹仪型号按下式推定混凝土强度：

中型回弹仪

$$f_{ccNo} = 0.024\,97 m_N^{2.010\,8} \tag{3-4}$$

重型回弹仪

$$f_{ccNo} = 7.7\mathrm{e}^{0.04 m_N} \tag{3-5}$$

(6)当混凝土结构或构件碳化至一定深度时，须将推定的混凝土强度按下式修正：

$$f_{ccN} = f_{ccNo} C \tag{3-6}$$

式中　f_{ccN}——碳化深度修正后的混凝土强度值，MPa；

f_{ccNo}——按式(3-4)和式(3-5)推定的混凝土强度值，MPa；

C——碳化深度修正值。

(7)根据各测点区的混凝土强度，计算构件的平均强度、标准差和变异系数，以此可评估构件的混凝土强度和均匀性。

4. 重型回弹仪与中型回弹仪检测对比试验

对于中型回弹仪和重型回弹仪均适合检测的构件，究竟选择哪种回弹仪检测更合理、结果更稳定，下面通过试验对比，对两种设备进行比较分析。

选择采用相同混凝土配合比成型5个混凝土构件，每个构件尺寸为1 m(长)×1 m(宽)×1.2 m(高)。采用重型回弹仪共检测10个部位，各10个测区，检测结果的平均值为25.3～31.9 MPa，标准差为1.7～5.3 MPa，变异系数为5.3%～18.3%。其检测结果见表3-4。

表 3-4 重型回弹仪检测结果

序号	检测部位		测区数（测区）	重型回弹仪检测结果		
				平均值 $m_{f_{ccN}}$ (MPa)	标准差 σ (MPa)	变异系数 C_V (%)
1	1#构件	上部	10	30.0	1.9	6.3
2		下部	10	26.9	1.9	7.1
3	2#构件	上部	10	30.7	2.5	8.1
4		下部	10	25.3	2.6	10.3
5	3#构件	上部	10	31.7	2.4	7.6
6		下部	10	25.3	2.7	10.7
7	4#构件	上部	10	28.9	5.3	18.3
8		下部	10	31.9	1.7	5.3
9	5#构件	上部	10	28.6	5.0	17.5
10		下部	10	27.8	3.5	12.6

同时，采用中型回弹仪在重型回弹仪检测的测区的临近部位进行同样数量的检测，中型回弹仪检测结果为 25.1 ~ 31.7 MPa，标准差为 2.3 ~ 6.6 MPa，变异系数为 8.8% ~ 22.3%。其检测结果见表 3-5。

表 3-5 中型回弹仪检测结果

序号	检测部位		测区数（测区）	中型回弹仪检测结果		
				平均值 $m_{f_{ccN}}$ (MPa)	标准差 σ (MPa)	变异系数 C_V (%)
1	1#构件	上部	10	31.5	5.4	17.1
2		下部	10	27.1	4.5	16.6
3	2#构件	上部	10	31.7	4.2	13.2
4		下部	10	25.1	5.6	22.3
5	3#构件	上部	10	30.9	2.9	9.4
6		下部	10	26.1	2.3	8.8
7	4#构件	上部	10	30.2	6.6	21.9
8		下部	10	31.5	2.8	8.9
9	5#构件	上部	10	30.1	6.5	21.6
10		下部	10	28.3	3.6	12.7

将上述两种设备的检测结果进行比较，对比结果见表 3-6。

表 3-6 两种设备检测结果对比

序号	抗压强度(MPa)			标准差(MPa)		
	重型回弹仪	中型回弹仪	两者之差	重型回弹仪	中型回弹仪	两者之差
1	30.0	31.5	-1.5	1.9	5.4	-3.5
2	26.9	27.1	-0.2	1.9	4.5	-2.6
3	30.7	31.7	-1.0	2.5	4.2	-1.7
4	25.3	25.1	0.2	2.6	5.6	-3
5	31.7	30.9	0.8	2.4	2.9	-0.5
6	25.3	26.1	-0.8	2.7	2.3	0.4
7	28.9	30.2	-1.3	5.3	6.6	-1.3
8	31.9	31.5	0.4	1.7	2.8	-1.1
9	28.6	30.1	-1.5	5.0	6.5	-1.5
10	27.8	28.3	-0.5	3.5	3.6	-0.1
平均值	28.7	29.3	-0.6	2.95	4.44	-1.49

通过两种设备检测数据对比,抗压强度检测结果相差不大,重型回弹仪10组检测结果标准差平均值为2.95 MPa,中型回弹仪的10组检测结果标准差平均值为4.44 MPa,两种设备检测结果中标准差相差较大,且重型回弹仪检测结果的标准差多数小于中型回弹仪检测结果,说明重型回弹仪的检测结果离差较小,检测结果更稳定。

5.结论

重型回弹仪比中型回弹仪影响深度更大,检测结果离差较小,更稳定,对于两者均适合的混凝土结构,抗压强度检测更宜采用重型回弹仪进行。但由于重型回弹仪体积大,自重大,需要两个以上人员才可以操作,因此目前检测混凝土抗压强度时采用重型回弹仪较少。对于隧洞衬砌混凝土厚度较大的部位,为了提高检测结果的准确性,建议采用中型回弹仪进行检测的同时,采用重型回弹仪进行复核。

(三)超声回弹综合法

1.仪器设备要求

仪器设备包括回弹仪、混凝土超声波检测仪等。其中,混凝土超声波检测仪的技术要求如下:

(1)非金属超声检测仪。仪器最小分度为0.1 μs。当传播路径在100 mm以上时,传播时间(简称声时)的测量误差不应超过1%。

(2)换能器。对于路径短的测量(如试件),宜用频率较高的换能器(50~100 kHz);对丁路径较长的测量,宜用50 kIIz以下的换能器。

(3)耦合介质。可用黄油、浓机油、浆糊等。

(4)附加条件。对湿度、温度要求较高。

2. 测区要求及公式换算

(1)测区布置应满足 SL 352—2006 的要求。

(2)测区声速平均值、测区回弹值的计算及修正应符合 SL 352—2006 的相关规定。

利用修正后的测区声速平均值得回弹平均值换算测区混凝土强度时,应优先采用专用或地区测强曲线;当无专用测强曲线时,宜按下列规定进行强度换算。

①当采用中型回弹仪检测普通混凝土强度时,应按下式换算:

$$f^{c}_{cu,i} = 0.008v^{1.72}m_{N}^{1.57} \tag{3-7}$$

式中 $f^{c}_{cu,i}$——混凝土强度换算值,MPa;

v——混凝土声速平均值,m/s;

m_N——测区回弹平均值。

②当采用重型回弹仪检测混凝土强度时,应按下式换算;

$$f^{c}_{cu,i} = 0.022v^{1.99}m_{N}^{1.19} \tag{3-8}$$

3. 评定方法

混凝土强度推定值应按下式计算;

$$f_{cu,e} = f^{c}_{cu,i}(1 - t\delta) \tag{3-9}$$

式中 $f_{cu,e}$——混凝土强度推定值,MPa;

t——正态分布概率度,当采用混凝土强度专用曲线时,$t=0.5$,当采用混凝土强度通用曲线时,$t=1.0$;

δ——剩余变异系数,当采用混凝土强度专用曲线时,可自行求得,当采用混凝土强度通用曲线时,$\delta=1.0$。

应根据推定的混凝土强度与设计强度标准值进行比较,确定低强混凝土范围。

(四)钻芯法

钻芯法是指先利用钢筋位置测定仪对混凝土中表层钢筋网分布进行测试、绘出,根据钢筋位置分布图确定取芯位置在钢筋网格中心且钻芯处混凝土应具有代表性,必要时可采用探地雷达法测定钢筋位置来避开钢筋,避免因检测对钢筋混凝土结构破坏,钢筋位置确定后利用混凝土钻芯机从混凝土结构或构件上钻取混凝土芯样,制备标准抗压强度试件后,通过对试件施加作用力的方法来测定混凝土芯样抗压强度。对水工混凝土实体工程检测时,或者回弹法检测混凝土抗压强度结果未达到设计强度等级时,应选用钻芯法。

1. 仪器设备要求

(1)压力机或万能试验机:试件的预计破坏荷载宜在试验机全量程的 20% ~80%。试验机应定期校正,示值误差不应超过标准值的 ±1%。

(2)锯石机、磨石机、卡尺、钢尺等。

2. 钻芯取样要求

采用钻芯取样的钻芯设备应当满足检测要求,并保证入岩深度不小于 20 cm,且具备提取芯样能力。钻孔芯样评定内容参照《水工碾压混凝土施工规范》(SL 53—1994)第 5.4.6 条进行综合评价。钻孔芯样评定参照内容如下:

(1)芯样获取率:评价基岩清理情况及混凝土的均质性。

(2)芯样断口位置及形态描述:描述断口形态,评价基岩与混凝土结合面是否符合设计要求。

（3）芯样外观描述：评价混凝土的均质性和密实性，评价标准见表3-7。

表3-7　混凝土芯样外观描述评价标准

级别	表面光滑程度	表面致密程度	骨料分布均匀性
优良	光滑	致密	均匀
一般	基本光滑	稍有孔	基本均匀
差	不光滑	有部分孔洞	不均匀

3. 检测要求

（1）将混凝土芯样按长径比（长度与直径的比值）不小于1.0的尺寸要求截取试样，截取长径比为2的试样测定的抗压强度为轴心抗压强度。抗压和劈裂抗拉试验均以3个试件为一组。

注意：芯样的直径一般应为骨料最大粒径的3倍，至少也不得小于骨料最大粒径的2倍。

（2）将试样两端在磨石机上磨平，或用稠水泥浆（砂浆）抹平，端面平整度误差不应大于直径的1/10，两端面应与中轴线垂直，并作为试件的承压面。试件四周不得有缩颈、鼓肚或其他缺陷（如裂缝等）。

注意：试件端面抹水泥浆（砂浆）后，需经一定时间的养护，保证试验时不在水泥浆（砂浆）处破坏。

（3）在试件侧面不同位置量测长度两次，精确至1 mm，取两个测值的平均值作为试件的长度；在试件中部量测直径两次（两次测量方向相垂直），精确至1 mm，取两个测值的平均值作为试件的直径。

（4）试件在试验前需在标准养护室养护7 d，然后分别按混凝土立方体试件的方法进行芯样试件的抗压强度试验。

4. 试验结果处理

（1）抗压强度按下式计算（精确至0.1 MPa）：

$$f_c = \frac{4P}{\pi D^2} = 1.273\frac{P}{D^2} \tag{3-10}$$

式中　f_c——抗压强度，MPa；

P——破坏荷载，N；

D——试件直径，mm。

（2）以3个试件测值的平均值作为试验结果。

（3）不同长径比的芯样试件，长径比大于或等于2.0的轴心抗压强度，其抗压强度可换算成长径比为1.0的试件强度，换算系数可参照SL 352—2006中的图。

（4）长径比为1.0的芯样试件抗压强度，换算成150 mm×150 mm×150 mm立方体的抗压强度，应乘以换算系数：

$$f_{cc} = Af_c \tag{3-11}$$

式中 f_{cc}——150 mm×150 mm×150 mm 立方体的抗压强度,MPa;

f_c——长径比为1.0的芯样试件抗压强度,MPa;

A——换算系数,当 ϕ100 mm×100 mm 时,A=1.0,当 ϕ150 mm×150 mm 时,A=1.04,当ϕ200 mm×200 mm 时,A=1.18。

5. 不同规程中要求的试验状态

混凝土抗压强度钻芯法检测时,应当结合建筑物运行条件决定采用自然干燥芯样还是浸泡芯样检测强度。检测抗压强度前应当完成该检测状态下的芯样密度试验。因为混凝土作为一种非均质的脆性材料,混凝土抗压强度检测结果受内部含水率的影响较大,不同的试验状态对检测结果的影响较大,故试验规程的选择和试验状态的选择直接影响评价实体工程施工质量的准确性。下面将针对不同的规程中要求的试验状态进行试验,对试验结果进行比较和分析。

试件加工完成后,不同的试验规程对芯样试件试验状态的具体要求如下:

(1)按照《钻芯法检测混凝土强度技术规程》(CECS 03:2007)要求芯样试件在自然干燥状态下进行试验。按照 SL 352—2006 要求试件在试验之前在标准养护室养护7 d后再进行试验。

(2)按照 DL/T 5150—2017 要求试件在试验前需泡入水中4 d使达到饱和后,再进行试验。

(3)依据《水运工程混凝土试验规程》(JTJ 270—1998)端面加工完毕后的静置24 h后,如果是从长期处于潮湿环境条件下的混凝土构件上钻取的芯样试件,可直接进行抗压强度试验;如果是从长期处于干燥环境条件下的混凝土构件上钻取的芯样试件,在抗压强度试验之前应在(20±3)℃的水中养护48 h。

6. 试验对比结果及分析

以 CECS 03:2007 为例,规程中要求的试验状态分别为自然干燥和经(20±5)℃的清水浸泡40~48 h的两种状态。按这两种不同的试验状态进行对比试验,在某大型输水隧洞工程衬砌混凝土中选取8个部位进行试验,在每个部位同时钻取2个芯样直径为100 mm的抗压混凝土芯样,使得每个芯样能够制备1个标准混凝土芯样试件,相邻两个芯样间距为5~15 cm。按规程的具体要求对芯样进行加工,使试件外观尺寸、垂直度等都满足标准试件的要求。芯样加工完成后,分别对同一部位的两个试件按自然干燥状态和清水浸泡48 h状态进行抗压强度试验,试验的结果见表3-8。

通过上述试验结果的对比可知,随着龄期的增长,混凝土芯样的抗压强度值均得到了提高;在8组抗压强度试验结果中,有7组自然干燥试件大于清水浸泡48 h试件、1组清水浸泡48 h试件大于自然干燥试件。表明芯样试件清水浸泡48 h后,混凝土抗压强度有所降低。究其原因,可能与清水浸泡对芯样试件产生润滑作用有关。

7. 结论

混凝土为典型的非均质材料,虽然所取芯样为相邻部位,无论是混凝土抗压强度还是密度,均可能存在较大差异,即使在相同条件下试件的抗压强度也会存在差异,相同的混凝土经水浸泡后使得混凝土抗压强度损失也会出现很大差异。虽然试验的数量有限,不能完全反映不同试验状态下对混凝土抗压强度的影响程度,但可以初步验证所做试验的试件经水浸泡后的混凝土强度确实有降低的现象,因此在对隧洞实体工程进行检测时,选取不同的试验状态将直接影响工程施工质量评价的结果。

表 3-8　自然干燥和清水浸泡 48 h 状态下抗压强度检测结果对比

序号	芯样编号	试验状态	第一次试验		第二次试验	
			试验龄期(d)	抗压强度(MPa)	试验龄期(d)	抗压强度(MPa)
1	1-1	自然干燥	74	33.2	213	38.1
	1-2	清水浸泡 48 h		31.4		33.2
2	2-1	自然干燥	55	26.4	194	43.5
	2-2	清水浸泡 48 h		25.8		37.8
3	3-1	自然干燥	45	25.6	184	35.0
	3-2	清水浸泡 48 h		24.3		34.3
4	4-1	自然干燥	45	28.8	184	43.8
	4-2	清水浸泡 48 h		27.6		41.3
5	5-1	自然干燥	86	33.3	240	35.9
	5-2	清水浸泡 48 h		34.1		36.5
6	6-1	自然干燥	80	30.2	234	28.8
	6-2	清水浸泡 48 h		29.7		25.6
7	7-1	自然干燥	64	31.1	203	41.9
	7-2	清水浸泡 48 h		28.5		35.7
8	8-1	自然干燥	66	31.5	205	37.1
	8-2	清水浸泡 48 h		30.3		35.8

总之,应根据不同的检测目的,选取合适试验规程作为依据,并且选取合适的试验状态,这样对检测结果的评定才能更加准确。

(五)喷大板切割法

喷射混凝土抗压强度的检测试件应在现场施工过程中通过喷大板切割法取得。

1. 基本要求

采用在喷射混凝土作业时喷大板的取样方法进行,当有特殊要求时,还应用现场取芯的方法进行检测。取样数量为每种材料或每一配合比每喷射 1 000 m^2(含不足 1 000 m^2 的单项工程)各取样一组,每组试样为 3 块,有其他要求时应增加取样数量。喷大板和现场取芯检测的取样位置应包括两侧边墙和顶拱,在其工程中应有代表性。

2. 取样及检验方法

一般情况下,对喷射混凝土只检测 28 d 龄期的抗压强度。取样及检验方法应遵守如下的规定:

(1)在作业时,向 450 mm × 350 mm × 200 mm(长 × 宽 × 高)的开敞式木模中喷射施工作业所用混凝土,应与施工现场相同条件下养护。

(2)拆除木模并制成 100 mm × 100 mm × 100 mm 标准试件 3 块。立方体试件的允许偏差,边长应不超过 ±1 mm,直角应不大于 2°。

(3)养护 28 d 后,在压力机上应进行抗压强度试验,求取每块试件的抗压强度值。

3. 喷射混凝土抗压强度的质量标准

(1)同批喷射混凝土的抗压强度应以同批标准试块的抗压强度值来评定。

(2)每组试块的抗压强度代表值为 3 个试块试验结果的平均值;当 3 个试块强度中的最大值或最小值之一与中间值之差超过中间值的 15% 时,可用中间值代表该组的强度值;当最大值和最小值与中间值之差均超过中间值的 15% 时,该组试块不应作为强度评定的依据。

(3)重要工程喷射混凝土质量按下式判定是否合格:

$$f'_{ck} - K_1 S_n \geqslant 0.9 f_c \tag{3-12}$$

$$f'_{ckmin} \geqslant K_2 f_c \tag{3-13}$$

(4)一般工程或临时性工程喷射混凝土质量按下式判定是否合格:

$$f'_{ck} \geqslant 0.9 f_c$$

$$f'_{ckmin} \geqslant 0.85 f_c$$

式中　f'_{ck}——同批 n 组试块喷射混凝土抗压强度的平均值,MPa;

f_c——设计的喷射混凝土立方体抗压强度,MPa;

f'_{ckmin}——同批 n 组喷射混凝土抗压强度的最小值,MPa;

K_1、K_2——合格判定系数,按表 3-9 选取;

n——每批喷射混凝土试块的抽样数量;

S_n——同批 n 组喷射混凝土试块抗压强度的标准差,MPa。

表 3-9　喷射混凝土合格判定系数 K_1、K_2 值

n	10 ~ 14	15 ~ 24	≥25
K_1	1.70	1.65	1.60
K_2	0.90	0.85	0.85

当同批试件组数 $n < 10$ 时,可按下式判定是否合格:

$$f'_{ck} \geqslant 1.15 f_c \tag{3-14}$$

$$f'_{ckmin} \geqslant 0.95 f_c \tag{3-15}$$

注意:同批试块为喷射混凝土的原材料和配合比基本一致情况下的试块。

二、混凝土抗冻性能检测技术

实体混凝土抗冻性能检测主要采用钻芯法钻取混凝土芯样试件冻融循环检测或硬化混凝土气泡间距系数检测,其检测结果可作为评定混凝土结构中混凝土抗冻等级或抗冻性能的依据。

(一)标准试块法

该方法用于检验混凝土的抗冻性能，确定混凝土抗冻等级。

1. 仪器设备要求

(1)冷冻设备应满足以下指标：

①试件中心温度(-18±2)~(5±2)℃。

②冻融液温度-25~20 ℃。

③冻融循环一次历时不超过4 h(融化时间不少于整个冻融历时的25%)。

(2)测温设备：采用热电偶测量冻融过程中试件中心温度的变化时，精度应能达到0.3 ℃；当采用其他测温器时，应以热电偶测温法为准，进行率定。

(3)动弹性模量测定仪：频率为100~10 000 kHz。

(4)台秤：称量10 kg、感量5 g。

(5)试件盒：由4~5 mm厚的橡皮板制成，尺寸为120 mm×120 mm×500 mm。

2. 制样及试验要求

(1)将规格为100 mm×100 mm×400 mm的棱柱体试件成型和养护。试验以3个试件为一组。试验龄期如无特殊要求一般为90 d。到达试验龄期的前4 d，将试件在(20±3) ℃的水中浸泡4 d(对于水中养护的试件，到达试验龄期时即可直接用于试验)。

(2)将已浸泡的试件擦去表面水分后，称初始质量，并测量初始自振频率，作为评定抗冻性的起始值，同时做必要的外观描述或照相。

(3)随即将试件装入试件盒中，按冻融介质要求，注入淡水，水面应浸没试件顶面20 mm。

(4)通常每做25次冻融循环对试件检测一次，也可根据混凝土抗冻性的高低来确定检测的时间和次数。测试时，将试件从盒中取出，冲洗干净，擦去表面水分，称量和测定自振频率，并做必要的外观描述或照相。每次测试完毕后，应将试件调头重新装入试件盒中，注入淡水，继续试验。在测试过程中，应防止试件失水，待测试件用湿布覆盖。

(5)当有试件中止试验取出后，应另用试件填充空位，如无正式试件，可用废试件填充。

(6)试验因故中断，应将试件在受冻状态下保存。

(7)冻融试验出现以下三种情况之一者即可停止：

①冻融至预定的循环次数；

②相对动弹性模量下降至初始值的60%；

③质量损失率达到5%。

(8)一次冻融循环技术参数包括以下几点：

①循环历时2.5~4.0 h。

②降温历时1.5~2.5 h。

③升温历时1.0~1.5 h。

④降温和升温终了时，试件中心温度应分别控制在(-17±2)℃和(8±2)℃。

⑤试件中心和表面温差小于28 ℃。

3. 试验结果处理

(1)相对动弹性模量按下式计算,以3个试件试验结果的平均值为测定值。

$$P_n = \frac{f_n^2}{f_0^2} \times 100 \tag{3-16}$$

式中 P_n——n次冻融循环后试件相对动弹性模量(%);

f_0——试件冻融循环前的自振频率,Hz;

f_n——试件冻融n次循环后的自振频率,Hz。

(2)质量损失率按下式计算,以3个试件试验结果的平均值为测定值。

$$W_n = \frac{G_0 - G_n}{G_0} \times 100 \tag{3-17}$$

式中 W_n——n次冻融循环后试件质量损失率(%);

G_0——冻融前的试件质量,g;

G_n——n次冻融循环后的试件质量,g。

4. 抗冻等级的判定

(1)相对动弹性模量下降至初始值的60%或质量损失率达到5%时,即可认为试件已达到破坏,并以相应的冻融循环次数作为该混凝土的抗冻等级(以F表示)。

(2)若冻融至预定的循环次数,而相对动弹性模量或质量损失率均未达到上述指标,可认为试验的混凝土抗冻性已满足设计要求。

(二)钻芯法

从混凝土结构中钻取芯样,制备冻融芯样试件,进行冻融试验,并以所经受的最大冻融循环次数评定混凝土抗冻等级。抗冻等级相同且同一配合比的混凝土结构应划为一个检测批,跨年度施工时,应至少划分两个检测批。

1. 制样及试验要求

(1)在随机抽取的每个样本上应钻取至少1个直径为100 mm且长度不小于400 mm的芯样。芯样应锯切成ϕ100 mm×400 mm的抗冻试件,制取至少3组试件,每组试件应包含3个试件。

(2)试件应浸没于(20±2)℃水或饱和石灰水中养护至试验龄期。

(3)抗冻试验应符合《水工混凝土试验规程》(SL 352—2006)的有关规定。

2. 抗冻等级的判定

(1)同一检测批的每组试件抗冻试验结果均参与评定,不能舍弃任一组数据。

(2)当试件组数为3组时,至少有2组达到设计抗冻等级;当试件组数大于3组时,达到设计等级的组数不低于总组数的75%。

(3)当设计抗冻等级不大于F250时,最低1组的抗冻等级最多比设计抗冻等级低50次循环;当设计抗冻等级不小于F300时,最低1组的抗冻等级最多比设计抗冻等级低100次循环。

(三)硬化混凝土气泡间距系数检测

硬化混凝土气泡间距系数检测主要采用直线导线法。该方法是一种采用现场取样加工标准试件,经打磨后采用显微镜观测试件表面气泡分布情况的新方法。标准试件加固过程中应注意加工面的完整性,宜采用磨石机和细颗粒金刚砂纸进行打磨,被测面宜垂直于混凝土浇筑面。

1. 制样及检测要求

(1)检测应从混凝土结构中钻取芯样,制备气泡观测芯样试件,进行气泡观测试验,并应以气泡间距系数评定混凝土抗冻性。

(2)在随机抽样的每个样本上垂直于浇筑面应钻取至少1个直径不宜小于100 mm且长度不宜小于60 mm的芯样。

(3)芯样宜切取为4片,切片厚度宜为10~15 mm,切口面应作为观测面,每组试件应至少包含3个切片。

(4)气泡间距系数观测试验应符合相关规范要求。

2. 抗冻性的判定

(1)当气泡间距系数有设计要求,气泡间距系数平均值满足下式时,抗冻性能判为定性合格;反之,则判为定性不合格。

$$\left.\begin{aligned} L_m &= \frac{\sum_{i=1}^{n} L_i}{n} \\ L_m &\leqslant L_s \\ L_{max} &\leqslant L_s + 50 \end{aligned}\right\} \tag{3-18}$$

(2)当气泡间距系数没有设计要求,能同时满足下式时,抗冻性能判为定性合格;反之,则判为定性不合格。

$$\left.\begin{aligned} L_m &\leqslant 300 \\ L_{max} &\leqslant 350 \end{aligned}\right\} \tag{3-19}$$

式中　L_m——气泡间距系数平均值,μm,精确至0.1 μm;

L_i——第i组气泡间距系数代表值,μm,精确至0.1 μm;

L_s——设计气泡间距系数的最大值,μm;

n——气泡间距系数试验组数,组;

L_{max}——气泡间距系数代表值的最大值,μm,精确至0.1 μm。

3. 应用建议

目前,国内只有在《水运工程混凝土结构实体检测技术规程》(JTS 239—2015)中把气泡间距系数作为评价混凝土结构实体抗冻性能的重要指标,而在水工混凝土耐久性检测中,该指标评定方法尚未实施应用。因此,建议把气泡间距系数列为评定水工实体混凝土抗冻性能的关键指标。

三、混凝土抗渗性能检测技术

(一)标准试块法(逐级加压法)

该方法用于测定混凝土的抗渗等级。

1. 制样及试验要求

(1)试件规格为上口直径175 mm、下口直径185 mm、高150 mm的截头圆锥体。

(2)所需仪器包括混凝土抗渗仪、密封材料(如石蜡加松香、水泥加黄油等)、螺旋加压器、烘箱、电炉、瓷盘、钢丝刷等。

(3)试验步骤如下:

①试件的制作和养护,6个试件为一组。

②试件拆模后,用钢丝刷刷去两端面的水泥浆膜,然后送入养护室养护。

③达到试验龄期时,取出试件,擦拭干净。待表面晾干后,进行试件密封。用石蜡密封时,在试件侧面滚涂一层熔化的石蜡(内加少量松香)。然后用螺旋加压器将试件压入经过烘箱或电炉预热过的试模中(试模预热温度,以石蜡接触试模,即缓慢熔化,但以不流淌为宜),使试件与试模底平齐。试模变冷才可解除压力。

④用水泥加黄油密封时,其用量比为(2.5~3):1。试件表面晾干后,用三角刀将密封材料均匀地刮涂在试件侧面上,厚1~2 mm。套上试模压入,使试件与试模底齐平。

⑤启动抗渗仪,开通6个试位下的阀门,使水从6孔渗出,充满试位坑。关闭抗渗仪,将密封好的试件安装在抗渗仪上。

⑥试验时,水压从0.1 MPa开始,以后每隔8 h增加0.1 MPa水压,并随时注意观察试件端面情况。当6个试件中有3个试件表面出现渗水时,或加至规定压力(设计抗渗等级)在8 h内6个试件中表面渗水试件少于3个时,即可停止试验,并记下此时的水压力。(注意:在试验过程中,如发现水从试件周边渗出,表明密封不好,应重新进行密封)。

2.抗渗等级的判定

混凝土的抗渗等级,以每组6个试件中2个出现渗水时的最大水压力表示。抗渗等级按下式计算:

$$W = 10H - 1 \tag{3-20}$$

式中 W——混凝土抗渗等级;

H——6个试件中有2个渗水时的水压力,MPa。

若压力加至规定数值,在8 h内,6个试件中表面渗水的试件少于2个,则试件的抗渗等级大于规定值。

(二)钻芯法

混凝土抗渗性能是通过在混凝土结构上钻芯取样试件然后才用逐级加压法进行测定。抗渗等级相同且同一配合比的混凝土结构应划为一个检测批。跨年度施工时,至少应划分为两个检测批。

1.制样及试验要求

(1)钻芯取样的方向与混凝土结构承受水压的方向一致。

(2)钻芯取样的试件直径为150 mm,且长度不小于200 mm。

(3)芯样要锯切成直径和高度均为(150±2)mm的圆柱体试件。

(4)放入抗渗试模中的试件应与抗渗试模同心,圆柱体试件与抗渗试模之间的缝隙应采用环氧树脂砂浆灌满捣实,并避免圆柱体端面上沾染环氧树脂砂浆。应在环氧树脂砂浆硬化后脱模,脱模后环氧树脂砂浆与圆柱体试件共同形成抗渗试件。每6个试件为一组,每批应至少制取一组芯样试件。

(5)试件应浸没于(20±2)℃水或饱和石灰水中养护至试验龄期。

(6)抗渗试验应符合SL 352—2006的有关规定。

2. 抗渗等级的判定

抗渗等级应符合下列规定：

(1)同一检测批的每组试件抗渗试验结果均应参与评定，不得随意舍弃任一组数据。

(2)各组试件的抗渗等级均应达到设计抗渗等级。

(三)混凝土相对渗透性试验

该方法用于测定混凝土在恒定水压下的渗水高度，计算相对渗透性系数，比较不同混凝土的抗渗性。该方法适用于抗渗性能较高的混凝土。

1. 制样及试验要求

(1)试件的成型、养护、密封、安装等与标准件方法相同。

(2)将抗渗仪压力一次加到 0.8 MPa，同时开始记录时间（精确至分钟）。在此压力下恒定 24 h，然后降压，从试模中取出试件。

注意：①在恒定过程中，如有试件端面出现渗水，即停止试验，并记下出水时间（准确至分）。此时该试件的渗水高度即为试件的高度(15 cm)。

②当试件混凝土较密实，可将试验水压力改用 1.0 MPa 或 1.2 MPa，应在试验报告中注明。

(3)在试件两端面直径处，按平行方向各放一根ϕ6 mm 的钢垫条，用压力机将试件劈开。将劈开面的底边 10 等分，在各等分点处量出渗水高度（试件被劈开后，过 2～3 min 即可看出水痕，此时可用笔画出水痕位置，便于量取渗水高度）。

2. 抗渗等级的判定

(1)以各等分点渗水高度的平均值作为该试件的渗水高度。

(2)相对渗透性系数按下式计算：

$$K_r = \frac{aD_m^2}{2TH} \tag{3-21}$$

式中　K_r——相对渗透性系数，cm/h；

D_m——平均渗水高度，cm；

H——水压力，以水柱高度表示，cm；

T——恒压时间，h；

a——混凝土的吸水率，一般为 0.03。

注意：1 MPa 水压力，以水柱高度表示为 10 200 cm。

(3)以一组 6 个试件测值的平均值作为试验结果。

四、混凝土内部质量检测技术

(一)探地雷达法

探地雷达法检测技术自 20 世纪 70 年代开始，应用至今将近 30 年。目前，其广泛应用于工程建设领域，包括市政、考古、建筑、铁路、公路、环境、地质与水文、电力、采矿、航空等。近年来，水利工程检测领域应用日渐广泛，主要探测混凝土、岩土内部隐蔽物或缺陷等，如输水隧洞衬砌混凝土厚度、内部布筋、线缆分布、脱空、振捣不实区，以及水库、涵闸底板淘空、内部积水、钢筋布置等。

在大伙房输水工程(一期)现场对隧洞混凝土检测过程中,主要检测项目包括混凝土内部缺陷、衬砌混凝土厚度、钢筋间距、钢筋数量、钢筋保护层厚度、混凝土钢筋位置分布三维仿真分析。

1. 工作原理

探地雷达是利用电磁波在有耗介质中的传播特性,以宽频带短脉冲的形式向介质内发射高频电磁波,当其遇到不均匀体(界面)时会反射部分电磁波,其反射系数由介质的相对介电常数决定,通过对探地雷达主机所接收的反射信号进行处理和图像解译达到识别隐蔽目标物的目的。其工作原理示意图见图 3-2。

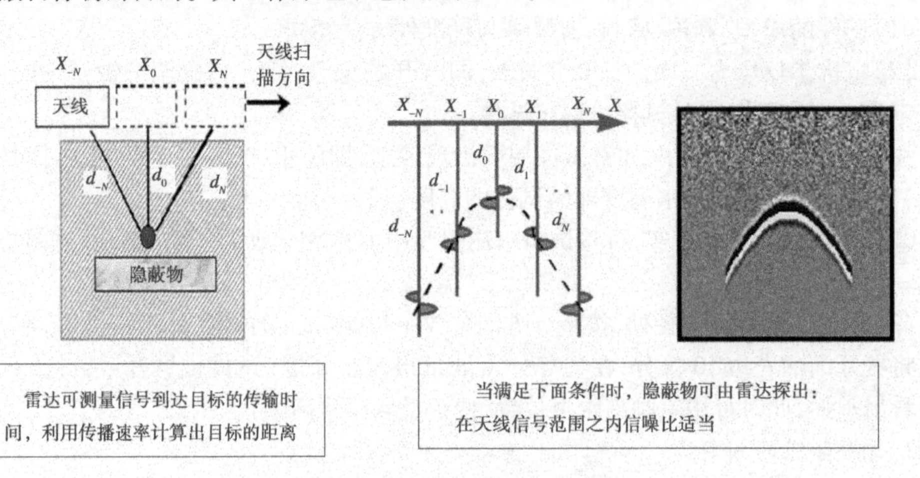

图 3-2　探地雷达工作原理示意图

电磁波在特定介质中的传播速度 v 是不变的 ,因此根据探地雷达记录上的地面反射波与反射波的时间差 ΔT,即可根据下式计算出异常隐蔽物的埋藏深度 H:

$$H = v \cdot \Delta T/2 \tag{3-22}$$

式中,v 是电磁波在介质中的传播速度,其表达式为 $v = C/\sqrt{\varepsilon}$,其中,C 是电磁波在大气中的传播速度,约为 3×10^8 m/sk,ε 为相对介电常数。

2. 检测前电磁波波速的确定

通过第一处混凝土(C30)钢筋保护层厚度检测结果验证试验,探地雷达图像查得验证位置厚度为 16 cm,而通过钻芯验证得出验证处实际钢筋保护层厚度为 15.1 cm。已知衬砌混凝土中钢筋保护层厚度为 15.1 cm,根据探地雷达图像单道信息查得双程时间为 2.704 ns,则根据下式计算:

$$v_{m1} = \frac{2L}{T} = \frac{2 \times 15.1}{2.704} = 11.17(\text{cm/ns})$$

因此,本次检测电磁波混凝土中的的传播速度为 11.17 cm/ns。

而进行第二处混凝土(C30)验证位置钢筋保护层厚度检测结果为 23 cm,而通过钻芯验证得出验证处实际钢筋保护层厚度为 22.9 cm,根据探地雷达图像单道信息查得双程时间为 4.118 ns,则根据下式计算:

$$v_{m2} = \frac{2L}{T} = \frac{2 \times 22.9}{4.118} = 11.12(\text{cm/ns})$$

因此,本次检测电磁波在混凝土中的传播速度为11.12 cm/ns。

通过2次混凝土波速校准试验,模筑衬砌混凝土中电磁波波速取其两次电磁波波速平均值,即

$$v = \frac{v_{m1} + v_{m2}}{2} = 11.14(\text{cm/ns})$$

3. 仪器探测深度的确定

在对雷达数据的后处理过程中,需要对探地雷达的配置天线实际检测能力进行分析,以保证检测结果的准确性。对于检测能力的分析主要包括频谱分析与振幅曲线分析。探地雷达检测数据频谱分析曲线见图3-3。

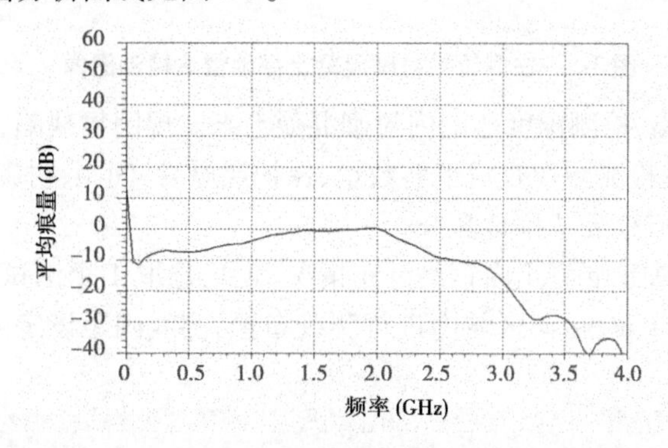

图3-3　探地雷达检测数据频谱分析曲线

由图3-3探地雷达检测数据频谱分析曲线可知,探地雷达接收到的回波信号的频率集中在1.9 GHz。

通过振幅分析此配置状态下探地雷达所能检测的深度,振幅分析曲线见图3-4。

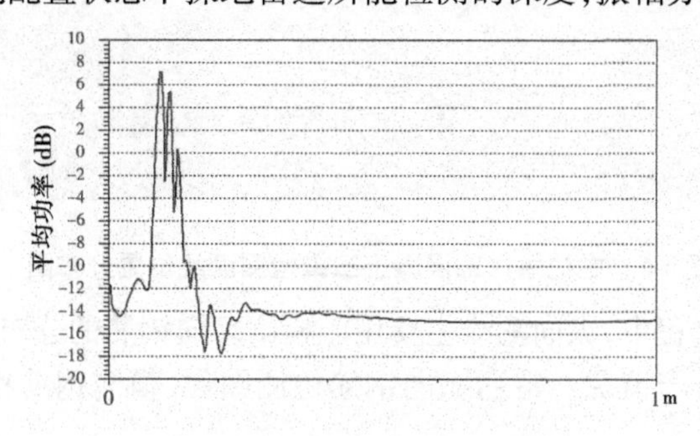

图3-4　探地雷达振幅分析曲线

探地雷达发射的电磁波在传播过程中,电磁波的能量随着检测深度的增加而衰减,因此必须知道其检测范围能够达到的最大检测深度。当前的天线配置下,检测能够达到的最大深度为70 cm。沿混凝土深度方向,能够进行缺陷定位、定量判断,而且解析精度达到±2 mm。

隧洞衬砌混凝土探地雷达雷达检测测线布置,以及采用上述配置天线探地雷达检测图像见图3-5。

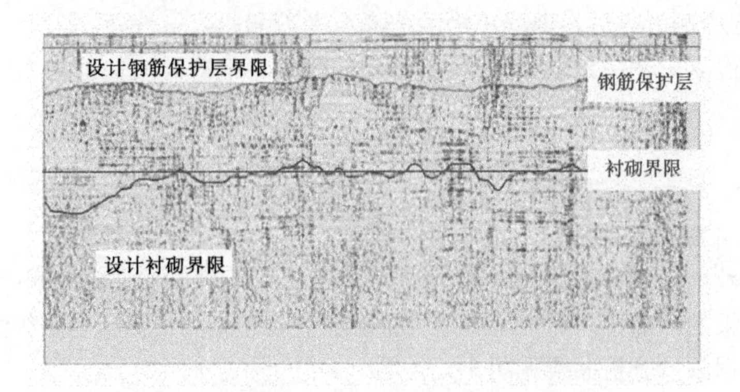

图 3-5　左侧边拱衬砌混凝土探地雷达检测图像

由图 3-5 可以看出,检测深度范围内衬砌混凝土未发现明显缺陷,混凝土内部质地均匀。另外,可根据雷达检测图像查找钢筋数量、保护层厚度、间距、衬砌厚度等相关参数。

4. 混凝土钢筋分布位置三维仿真分析

为了更加直观地查看混凝土内钢筋分布情况,现场选取 1 个测试面进行三维仿真分析,测试面尺寸 1 m×1 m,在该区域内进行测线布置,测线间距设定为 10 cm,共分布 22 条测线,见图 3-6。

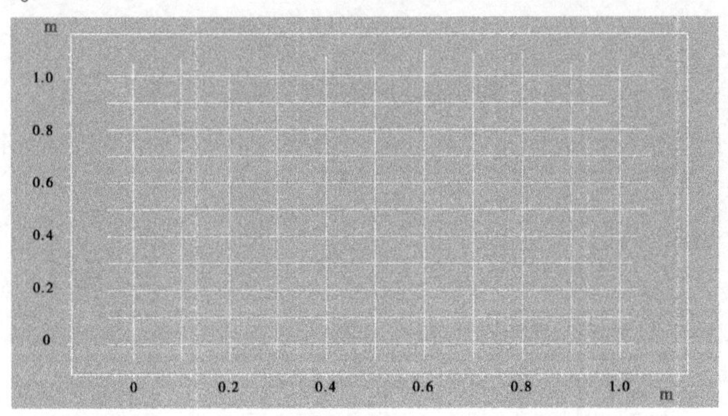

图 3-6　右边拱内部混凝土三维检测测线位置分布图

在进行测线布置过程中,纵向测线主要用于检测环向钢筋的分布情况,竖向测线主要用于检测纵向钢筋的分布情况。雷达纵向钢筋检测图像、横向钢筋检测图像见图 3-7 和图 3-8。

在上述雷达图中可以看出,在 1 m×1 m 的检测范围内,分布有 5 根环向钢筋和 5 根纵向钢筋,钢筋排列均匀。三维仿真分析结果见图 3-9 ~ 图 3-13。

通过上述三维雷达钢筋分布图可以看出,环向钢筋与纵向钢筋之间存在明显的空隙。

5. 混凝土层间脱空模拟试验

根据探地雷达工作原理,使用探地雷达进行无损检测其对深度的显示主要得到的只有时间显示,即为电磁波发射出后达到目标体反射回接收天线所经过的时间。而要得到深度数值,就要得到探地雷达电磁波传播速度,本次试验的第一个目的即为得到较为准确的探地雷达电磁波传播速度。脱空模拟试验被测物布置示意图见图 3-14。

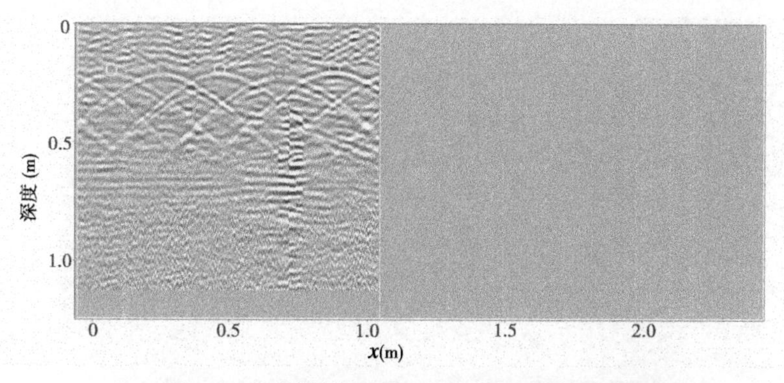

图 3-7　右边拱衬砌混凝土雷达纵向钢筋检测图像

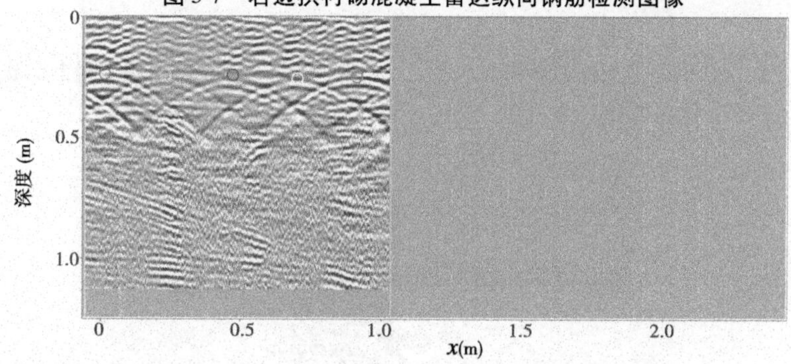

图 3-8　右侧边拱衬砌混凝土雷达横向钢筋检测图像

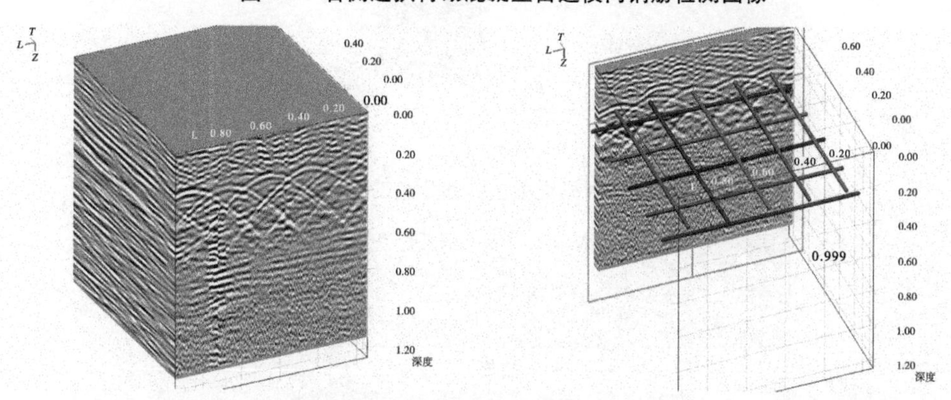

图 3-9　右侧边拱衬砌混凝土三维立体图像

图 3-10　右侧边拱衬砌混凝土钢筋分布三维立体图像(1)

在本次试验中，由于试块的长度有限，为了得到更佳的效果，现场采用了 3 块试块接长的组合方式进行试验检测。

探地雷达天线在试块表面前行，在一次检测中可以得到混凝土试块及空气层厚度。

本次试验通过调节空气层的厚度，共分 3 个工况，即空气层的厚度为 146 mm、76 mm 和试块与衬砌混凝土紧密接触（空气层的厚度为 0）进行测试。经过现场量测，混凝土试块的厚度为 138 mm，一面光滑，另一面粗糙。在本次试验中，光滑面为与天线接触面，粗糙面为与空气层和衬砌混凝土表面接触面，见图 3-15。

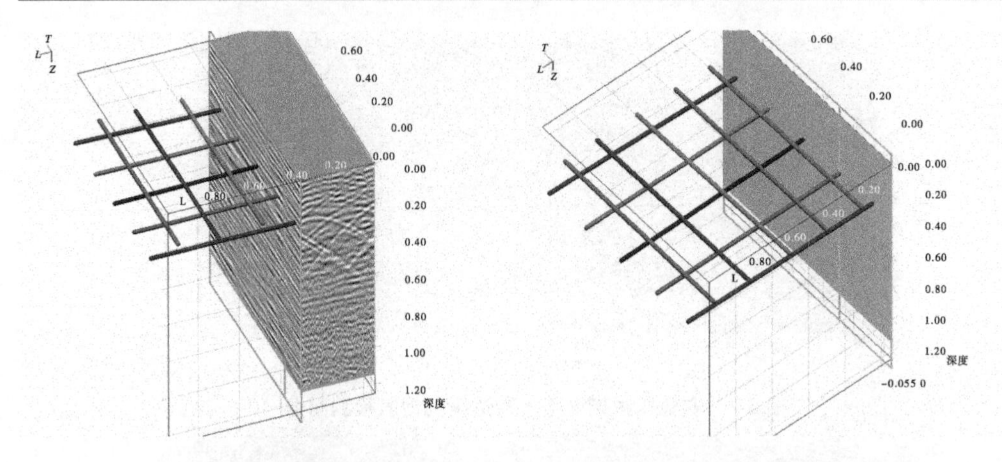

图 3-11　右侧边拱衬砌混凝土钢筋分布三维立体图像(2)　　图 3-12　右侧边拱衬砌混凝土钢筋分布三维立体图像(3)

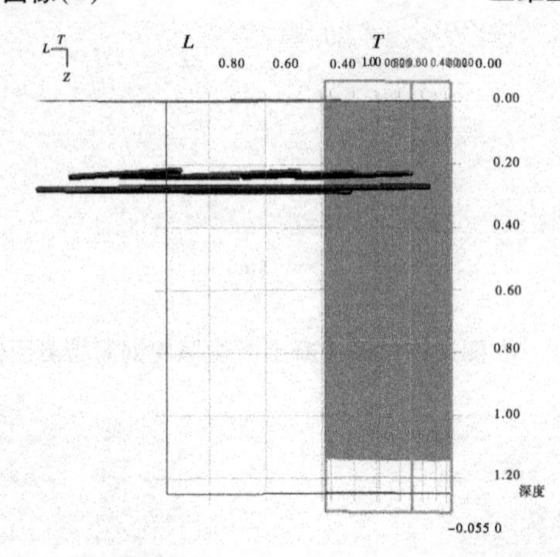

图 3-13　右侧边拱衬砌混凝土钢筋分布三维立体图像(4)

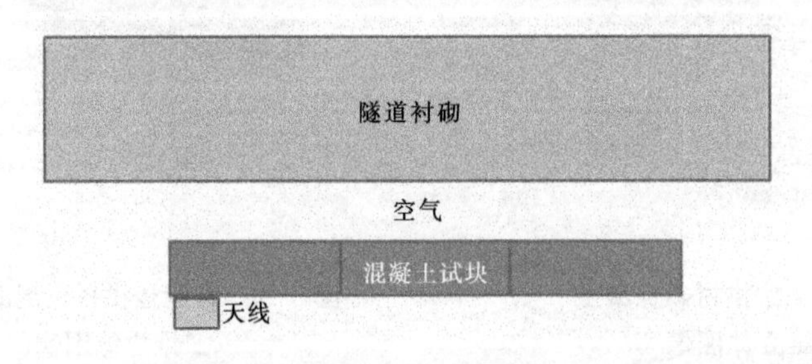

图 3-14　探地雷达法检测层间脱空模拟试验被测物布置示意图

1)工况 1:空气层厚度为 146 mm

根据现场布置的被测物体,采用 2 GHz 天线进行检测,检测图像见图 3-16。

由图 3-16 可知,试块与空气界限(白色线)和空气与衬砌界限(黑色线)都能清晰地显示,在两条线中间即为空气层的厚度。由于探地雷达天线在检测过程中与试块表面紧贴,因此白线所在的深度即为试块的厚度。

在工况 1 试验中,需要采用如下的计算公式来求得电磁波在混凝土试块中的传播速

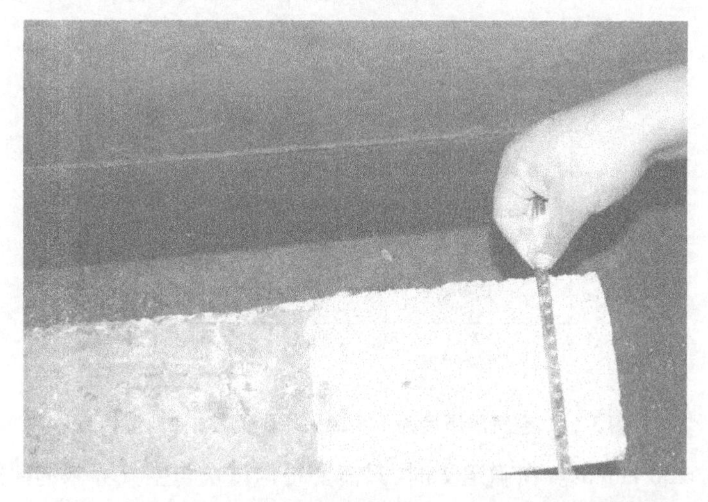

图 3-15　探地雷达法检测脱空模拟验证试验被测物布置现场

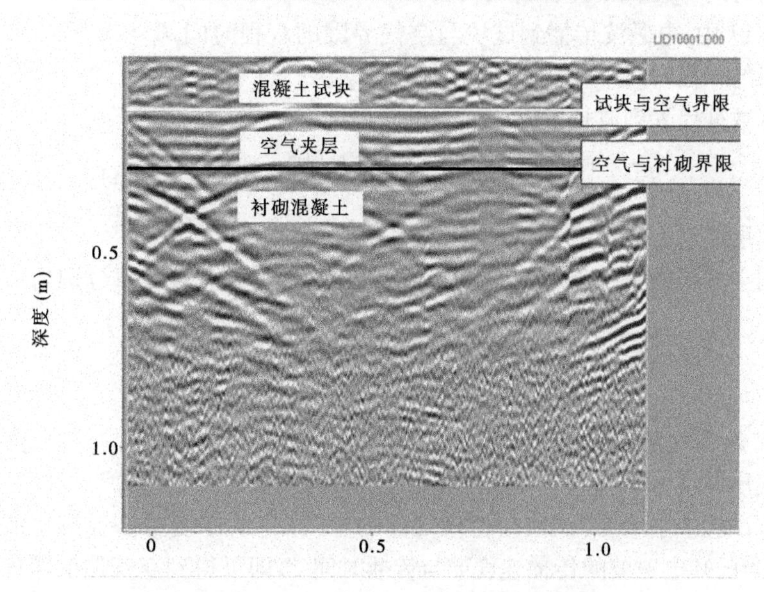

图 3-16　空气层厚度为 146 mm 探地雷达图像

度 v_1，即

$$v_1 = \frac{2L_1}{T_1} \tag{3-23}$$

式中　v_1——电磁波在混凝土试块中的传播速度；

T_1——传播双程时间，ns，T_1 在雷达图像中为电磁波传播的双程时间，见图 3-17；

L_1——传播深度，已知试块厚度 $L_1 = 138$ mm。

由图 3-17 可以看出，在电磁波到达试块与空气界限而后返回所使用的时间为 2.208 ns，即 $T_1 = 2.208$ ns，因此将已知量带入到式(3-23)中，可得到 $v_1 = \frac{2L_1}{T_1} = 12.5$ cm/ns，即电磁波在混凝土试块中的传播速度为 12.5 cm/ns。

由于电磁波在空气的传播速度接近于光速 c，因此在计算空气层厚度时，可认为 $v_2 =$

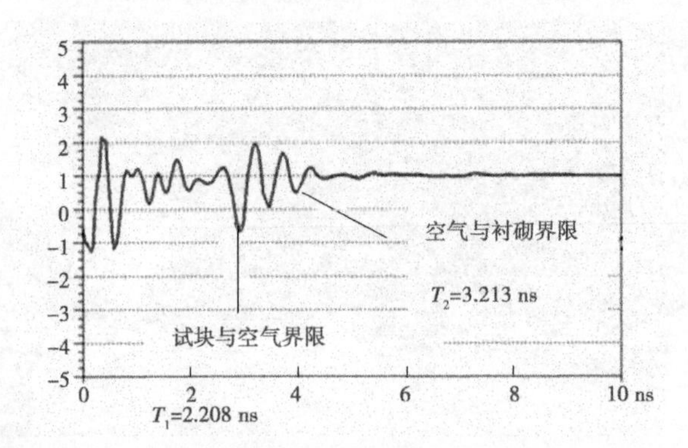

图 3-17　空气层厚度为 146 mm 探地雷达图像单道信息

$c=3\times10^8$ m/s $=30$ cm/ns。在确定 T 时，只需要根据试块与空气界限的时间 T_1 和空气与衬砌界限的时间 T_2 之间的差值即可得到，即 $T=T_2-T_1$。

在图 3-17 中，电磁波传播到试块与空气界限的双程时间 $T_1=2.208$ ns，传播到空气与衬砌界限的双程时间 $T_2=3.213$ ns，则 $T=T_2-T_1=1.005$ ns。

将所有数据代入到波长计算公式中可以得到

$$L_2=v_2\frac{T}{2}=c\frac{T}{2}=30\times\frac{1.005}{2}=15.075(\text{cm})$$

即所测空气层厚度为 150.75 mm。

而实测空气层的厚度为 $L_{标准}=146$ mm，则出现的误差和误差率分别为

$$\varepsilon=|L_2-L_{标准}|=150.75-146=4.75(\text{mm})$$

$$\eta=\frac{\varepsilon}{L_{标准}}\times100\%=\frac{4.75}{146}\times100\%=3.25\%$$

2）工况 2：空气层厚度为 76 mm

当空气层厚度为 76 mm 时，探地雷达试验检测图像见图 3-18。

工况 2 试验中空气层（试块与衬砌之间的空气层）的厚度是需要测定的参数。根据公式可知，当已知电磁波的传播速度 v 与传播时间 T，即可得到空气层的厚度。工况 2 试验所测图像单道信息见图 3-19。

由图 3-19 可知，$T_1=2.208$ ns；$T_2=2.741$ ns，则 $T=T_2-T_1=2.208-2.741=0.533$（ns）。

将所有数据代入到公式中可以得到：

$$L_2=v_2\frac{T}{2}=c\frac{T}{2}=30\times\frac{0.533}{2}=7.995(\text{cm})=79.95\text{ mm}$$

而实测空气层的厚度为 $L_{标准}=76$ mm，则出现的误差和误差率分别为

$$\varepsilon=|L_2-L_{标准}|=79.95-76=3.95(\text{mm})$$

$$\eta=\frac{\varepsilon}{L_{标准}}\times100\%=\frac{3.95}{76}\times100\%=5.20\%$$

3）工况 3：试块与衬砌混凝土紧密接触

现场试验检测过程中，保持试块与衬砌混凝土紧密接触，但是由于试块与衬砌混凝土

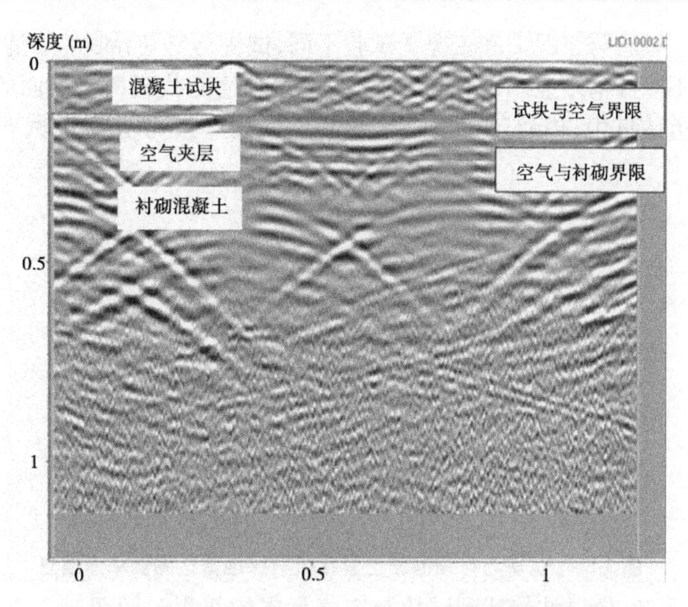

图 3-18　空气层厚度为 76 mm 探地雷达试验检测图像

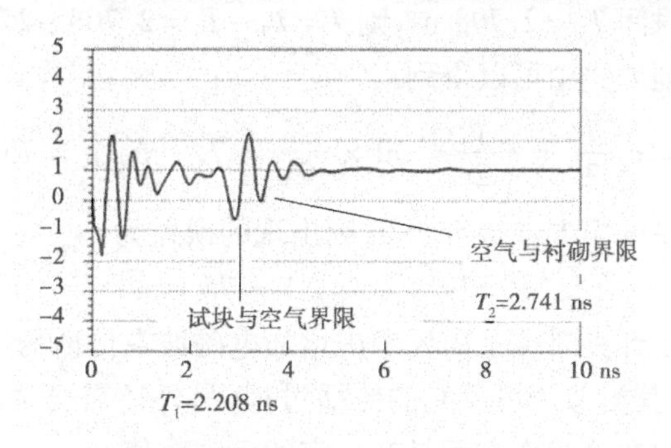

图 3-19　空气层厚度为 76 mm 探地雷达图像单道信息

接触面相对比较粗糙,在接触面范围内依然存在有部分空隙。探地雷达试验检测图像见图 3-20。

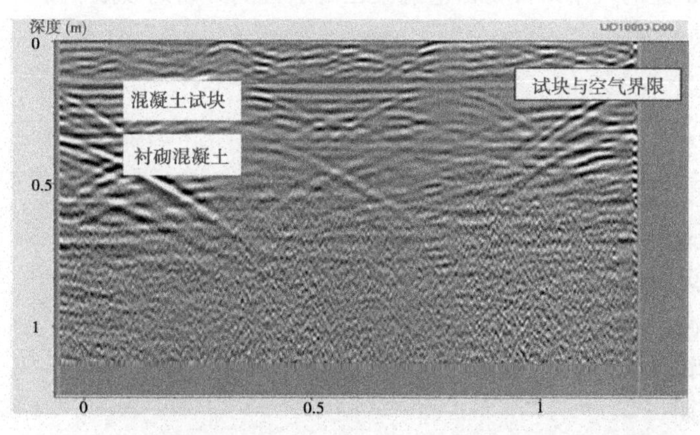

图 3-20　试块与衬砌混凝土紧密接触时探地雷达试验检测图像

由于工况 3 试验与工况 1 和工况 2 试验不同,试块与空气界限能够清晰显示,但是空气与衬砌界限不能够清晰显示,因此在雷达图中很难清楚找到两个层面的界限。而在探地雷达图像单道信息中,依然可以看到类似于空气层厚度为 76 mm 试验的单道信息波形,见图 3-21。

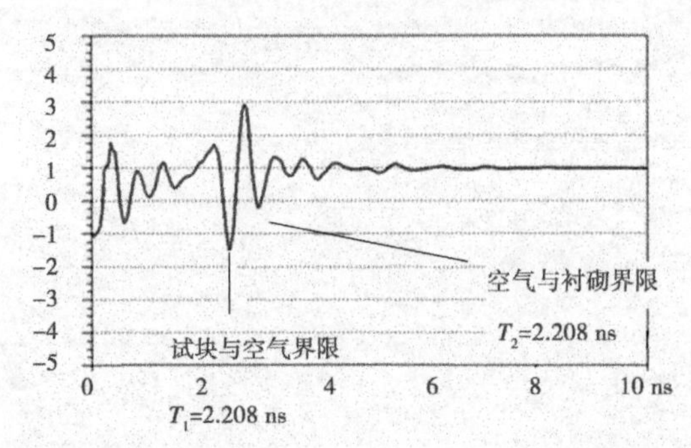

图 3-21　试块与衬砌混凝土紧密接触探地雷达图像单道信息

由图 3-21 可知,电磁波传播到试块与空气界限的双程时间 $T_1 = 2.208$ ns,传播到空气与衬砌界限的双程时间 $T_2 = 2.708$ ns,则 $T = T_2 - T_1 = 2.708 - 2.208 = 0.5(\text{ns})$。

将所有数据代入到公式中可以得到:

$$L_2 = v_2 \frac{T}{2} = c \frac{T}{2} = 30 \times \frac{0.5}{2} = 7.5(\text{cm}) = 75\ \text{mm}$$

而实测空气层的厚度为 $L_{标准}$ 接近于 0,则出现的误差为

$$\varepsilon = | L_2 - L_{标准} | = 75\ \text{mm}$$

由于在空气层厚度计算时除了需要考虑增加电磁波在传播的过程中具有明显的反射与折射特点,这一点极其类似于可见光的传播过程,另外还需要考虑其散射现象,也就是散射现象决定了电磁波在分辨率方面具有一定的极限数值。

在电磁波的传播理论中有一项名为薄层理论,该理论即为电磁波在能够检测到的厚度最小的层位。基于散射理论,电磁波检测过程中能够检测到的最薄的厚度为 1/4 波长,即为 $\lambda/2$,得到 λ 值的大小即可得知电磁波在薄层检测方面的极限。

波长计算公式为

$$\lambda = \frac{v}{f} = \frac{c}{f} \tag{3-24}$$

$$f = \frac{1}{T}$$

式中　λ——波长;

v——传播速度;

c——光速;

f——频率;

T——周期。

已知 $v = c = 3 \times 10^8$ m/s = 30 cm/ns,电磁波的频率 $f = 2$ GHz,则 $\lambda = \frac{v}{f} = \frac{c}{f} = 15(\text{cm}) =$

150 mm。

基于薄层理论,电磁波能够检测到的最小的空气层厚度为 $\lambda/2=150/2=75$(mm),该值与单道信息图中显示的厚度相同。

因此,探地雷达在此次试验中能够检测到的最小的空气层厚度为 75 mm,如果空气层厚度小于 75 mm,则在雷达图中显示的仍为 75 mm。

经过以上 3 个工况混凝土层间脱空模拟试验,可以得到在探地雷达的工作过程中,首先需要对波速进行校准判定,即电磁波在混凝土试块中的传播速度为 12.5 cm/ns。

探地雷达能够检测到空气层厚度的大小,但是存在一定的误差,具体分布情况见表 3-10。

表 3-10 混凝土脱空模拟试验误差分布情况统计

序号	工况号	实际空气层厚度(mm)	计算空气层厚度(mm)	误差	误差率
1	工况 1	146	150.75	4.75	3.25%
2	工况 2	76	79.95	3.95	5.20%
3	工况 3	接近于 0	75	—	—

在模拟试验中,计算的空气层厚度比实际值偏大,主要是由于计算过程中所选用的电磁波的波速为光速,这是在空气中最为理想的状态下。但是在大多数情况下,由于空气中湿度较大并且具有一定的粉尘,则电磁波在空气中的传播速度会比理想值偏小,从而造成这种误差。另外,在使用探地雷达检测空气层厚度的试验中,如果空气层厚度小于 $\lambda/2$,则无法得到准确的数值。

6. 工程案例

某输水隧洞开挖洞径 8 m,成洞洞径 7.16 m,设计引水流量 70 m^3/s。隧洞开挖采用 3 台全断面岩石掘进机(简称 TBM)掘进为主、钻爆法为辅的联合施工方案。

隧洞工程共包括 8 个标段。其中,钻爆段分为 5 个施工标段、TBM 分为 3 个施工标段。根据开挖方式和围岩级别,衬砌形式分为裸洞、锚喷衬砌和模筑混凝土衬砌。现场采用探地雷达法从隧洞起点至终点抽检其模筑混凝土内部质量情况,隧洞断面形式为马蹄形,衬砌为模筑混凝土,设计厚度 400 mm,内部钢筋布置采用Φ 22@ 250,保护层厚度 50 mm。采用 IDS 型探地雷达设备,选取1 600 MHz 和 2 000 MHz 天线同时检测,在顶拱、左拱腰、右拱腰、左边墙、右边墙等布置 5 条测线。其中,某断面探地雷达检测图像发现异常,加密测线并复测,然后图像处理与分析后,发现混凝土与围岩接触界面存在脱空,地下水夹在围岩与衬砌之间形成水囊。某隧洞衬砌混凝土探地雷达检测底部脱空图像如图 3-22 所示。

由图 3-22 可知,该隧洞衬砌混凝土在 44 cm 深度处存在明显脱空缺陷。

(二)钻芯法与探地雷达法验证试验研究

本节以实体工程为例,对水工隧洞衬砌混凝土厚度、内置钢筋分布、内部缺陷等目标,先采用探地雷达法进行测试、标识,再用钻芯法进行取芯验证,通过测试数据对比,分析探地雷达法检测数据的精确度和偏差程度,为探地雷达法在水利工程检测领域中的应用提供参考和借鉴。

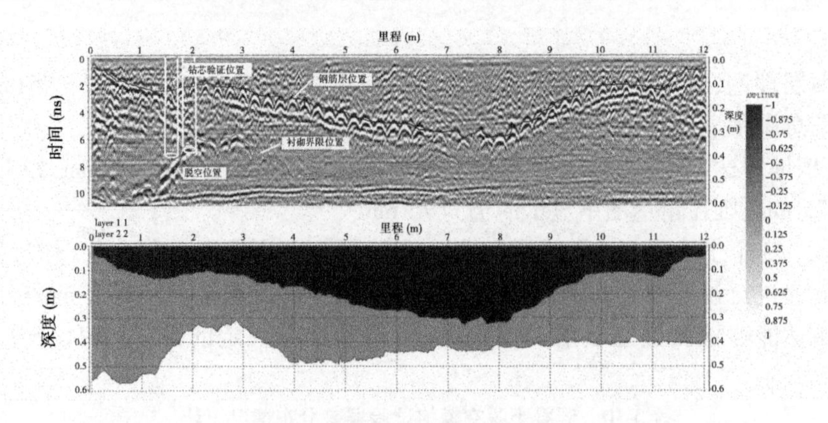

图 3-22　某隧洞衬砌混凝土探地雷达检测底部脱空图像

1. 测试技术特点

作为工程物探、检测的新技术手段，探地雷达法凭借无损、连续、高效率和高精度等优势，适于大面积连续作业。设备本身轻质、便于携带、防水、防震、防爆，在隧洞等恶劣环境条件下开展作业具有极大优势。根据被测物特性，现场更换天线方便、快捷，也可以一次扫描，同时采集到不同频率的图像，方便对比和互校，精度高、图像直观，可以更大程度上保证检测数据的准确性。

2. 对比试验

以某水工输水隧洞工程衬砌混凝土实体检测为案例，分析和验证探地雷达法测试水工隧道衬砌混凝土厚度、钢筋分布及内部缺陷定位的准确度和偏差原因。

1）衬砌混凝土厚度

抽取隧洞某一断面，先用探地雷达法测试衬砌混凝土厚度，然后采用钻芯法钻孔验证，对两次不同方法获取的检测数据进行比较。探地雷达法检测结果为 552 mm，钻芯法检测结果为 620 mm，偏差率为 10.97%，见表 3-11。探地雷达法解译图像见图 3-23。

表 3-11　探地雷达法与钻芯法探测衬砌混凝土层厚度结果比较

探地雷达法测试结果 D_1(mm)	钻芯法测试结果 D_2(mm)	D_1-D_2(mm)	$\lvert D_1-D_2\rvert/D_2$(%)
552	620	-68	10.97

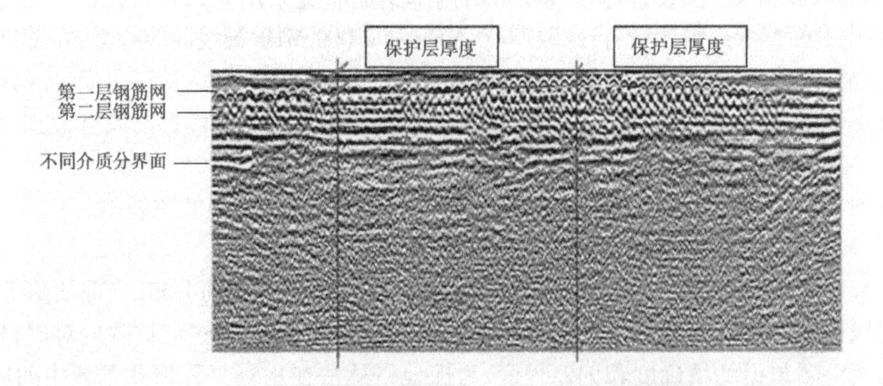

图 3-23　探地雷达法测试衬砌混凝土厚度解译图像

探地雷达法与钻芯法检测结果存在偏差，分析原因：一是基岩表面凹凸不平，雷达波传输线在岩面的反射点与钻芯法测试点存在偏差；二是混凝土介质不均匀度带来的偏差（如介电常数、波速等）；三是设备自身和技术人员对图像的解译带来的偏差。

2）衬砌混凝土内钢筋分布

现场选取两处桩号，一处测线长 1.2 m，另一处测线长 1.1 m，先采用探地雷达法对衬砌混凝土内部钢筋根数、钢筋间距及钢筋保护层厚度 3 个参数进行测试，然后采用凿槽法进行验证检测，钢筋分布见图 3-24 和图 3-25。

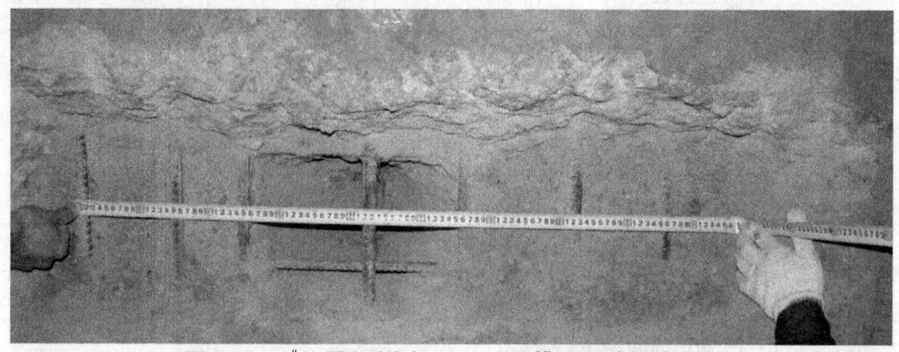

图 3-24　1#位置（测线长 1.2 m）凿槽法测试钢筋分布

图 3-25　2#位置（测线长 1.1 m）凿槽法测试钢筋分布

A. 钢筋根数及间距

探地雷达法和凿槽法测试结果，钢筋根数一致，分别为 7 根和 5 根，钢筋间距存在偏差，偏差范围为 0.1 ~ 0.9 cm，偏差率为 0.7% ~ 7.1%，见表 3-12。

B. 钢筋保护层厚度

探地雷达法与凿槽法测试钢筋保护层厚度结果偏差范围为 0.1 ~ 0.8 cm，偏差率为 0.5% ~ 5.3%，见表 3-13。

探地雷达法与凿槽法测试钢筋间距和保护层厚度存在偏差，分析原因如下：①钢筋埋深是个变化值，即钢筋轴心线与混凝土表面不平行；②钢筋埋深大，远超过常规设计值，即 10 ~ 50 mm 范围；③同方向相邻钢筋走向不平行；④由于上述原因，雷达波传输线在钢筋表面的反射点与凿槽法测点不一致；⑤设备自身和技术人员对图像的解译带来的偏差。

C. 混凝土内部缺陷

探地雷达法发现某桩号处衬砌混凝土内部存在不密实缺陷区（见图 3-26），标定后采用钻芯法取芯。取样后发现,芯样存在1处局部振捣不密实缺陷区,缺陷区距离表面1～24 cm,见图3-27。通过对比可知,探地雷达法可准确识别混凝土内部缺陷。

表3-12　探地雷达法与凿槽法测试衬砌混凝土中钢筋分布结果对比

序号	位置编号	测试项目		凿槽测试值 $D_{实}$(cm)	探地雷达测试值 $D_{测}$(cm)	$\|D_{实}-D_{测}\|$ (cm)	$\|D_{实}-D_{测}\|/D_{实}$ (%)
1	1#	钢筋数量		7	7	0	0
2		钢筋间距	1#筋与2#筋间距	14.3	13.9	0.4	2.8
3			2#筋与3#筋间距	9.8	10.5	0.7	7.1
4			3#筋与4#筋间距	18.0	17.4	0.6	3.3
5			4#筋与5#筋间距	14.0	14.9	0.9	6.4
6			5#筋与6#筋间距	16.4	15.5	0.9	5.5
7			6#筋与7#筋间距	13.5	13.4	0.1	0.7
8	2#	钢筋数量		5	5	0	0
9		钢筋间距	1#筋与2#筋间距	21.0	20.5	0.5	2.4
10			2#筋与3#筋间距	28.5	29.0	0.5	1.8
11			3#筋与4#筋间距	24.0	24.4	0.4	1.7
12			4#筋与5#筋间距	25.0	25.8	0.8	3.2

表3-13　探地雷达法与凿槽法测试衬砌混凝土中钢筋保护层厚度结果对比

序号	位置编号	测试项目	凿槽测试值 $D_{实}$(cm)	探地雷达测试值 $D_{测}$(cm)	$\|D_{实}-D_{测}\|$ (cm)	$\|D_{实}-D_{测}\|/D_{实}$ (%)
1	1#	1#筋保护层厚度	16.6	16.7	0.1	0.6
2		2#筋保护层厚度	16.8	17.6	0.8	4.8
3		3#筋保护层厚度	17.0	17.4	0.4	2.4
4		4#筋保护层厚度	20.0	19.2	0.8	4.0
5		5#筋保护层厚度	19.6	19.4	0.2	1.0
6		6#筋保护层厚度	19.8	19.7	0.1	0.5
7		7#筋保护层厚度	20.4	20.3	0.1	0.5
8	2#	1#筋保护层厚度	14.2	13.6	0.6	4.2
9		2#筋保护层厚度	13.4	13.5	0.1	0.7
10		3#筋保护层厚度	13.1	13.8	0.7	5.3
11		4#筋保护层厚度	14.2	14.1	0.1	0.7
12		5#筋保护层厚度	14.2	14.5	0.3	2.1

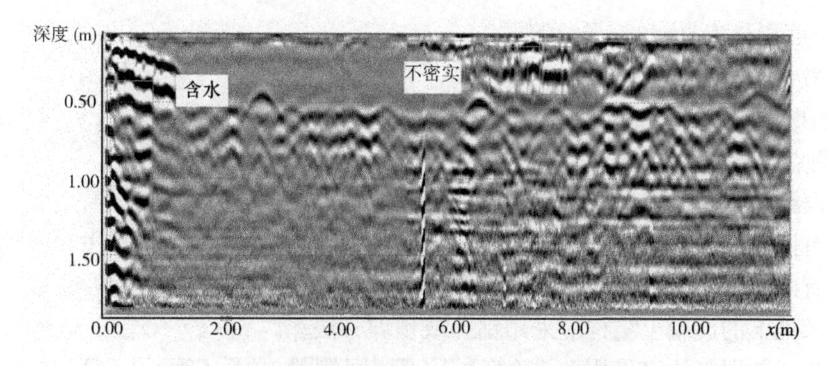

图3-26　探地雷达法测试衬砌混凝土不密实缺陷区

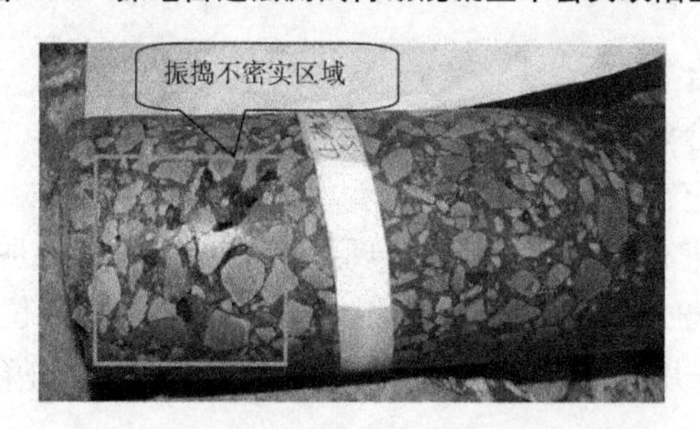

图3-27　钻取的衬砌混凝土芯样缺陷外观

3. 结论

探地雷达法测试技术成熟，在水工检测领域应用日益广泛，本节以水工输水隧洞衬砌混凝土为被测对象，通过探地雷达法与钻芯法检测结果对比，分析探地雷达法测试隐蔽性缺陷的准确性和偏差程度，为探地雷达在水利工程检测领域中的应用提供参考和借鉴。

(1)探地雷达法检测水工输水隧洞衬砌混凝土厚度、内部缺陷、钢筋数量、钢筋分布及保护层厚度等参数，数据科学、准确、可信度高，满足工程建设质量控制的要求。

(2)探地雷达法对工作环境要求低，无损、快捷，在水工领域探测厚大物混凝土构件内部隐蔽物等方面优势明显。

(3)探地雷达法对隐蔽性缺陷定性检测技术成熟，对缺陷定量的深入研究有助于工程的后期处理，意义深广。

(三)超声波法

目的是利用超声波探测构筑物混凝土内部缺陷，如蜂窝、空洞、架空、夹泥层、低强区等。该方法适用于能进行穿透测量以及经钻孔或预埋管可进行穿透测量的构筑物和构件。

1. 仪器设备要求

(1)非金属超声波检测仪：仪器最小分度0.1 μs。当传播路径在100 mm以上时，传播时间(简称声时)的测量误差不应超过1%。

(2)各种声波频率的平面换能器：当测距小于1 m时，宜采用50～100 kHz的换能器；当测距大于2 m时，宜采用50 kHz以下的换能器。在穿透能力允许的情况下，宜用高频率的换能器；孔中测量应采用径向换能器。

(3)长度测量工具,如钢卷尺等。

2. 检测要求

(1)超声波检测仪零读数校正应符合要求。

(2)测点布置应符合要求。

应根据结构形状和测试条件采用下列不同测试方法:

①具有两个相互平行测试面的混凝土结构应直接采用对测法、斜测法、汇交法;

②具有一个测试面、测试距离较大或大体积混凝土结构应采用钻孔;

③埋入地下的混凝土结构应采用钻孔或预埋管法;

④钻孔或预埋管法宜采用跨孔(管)孔(管)间测量、单孔(管)孔(管)内测量、单孔(管)与测试面间测量。

(3)测点处理应符合要求。

(4)测距测量应符合要求。

(5)声学参数测量应符合要求。

(6)当在一个方向进行两面对测后,发现某些测点声学参数明显偏低,这时首先应复测,确定无疑后,再在可疑点附近加密测点测量。当证实这些部位内部可能有缺陷时,如果构筑物条件允许,可采用两个方向对测或斜测的方法以确定缺陷的纵深位置。

3. 检测结果处理

(1)由于混凝土是非均质体,内部各处质量有正常的波动与离散,因此各测点处的测值也必然波动与离散。应当从这些正常的波动与离散中分辨出那些非正常的测值。为此,采用概率法进行判断。

(2)按比例绘制构件侧面轮廓图,将实测的各测点参数值点绘在图上。以阴影线勾画出异常点的位置及范围。若是孔中测量,则绘制出沿孔深变化的测值变化图,并标出两条临界值线。

(3)经上述方法确定的异常值,表明该测点内部混凝土情况异常。最后应结合结构施工过程的实际情况、施工记录、异常点所处部位判定缺陷的类型、范围及严重程度。

(4)缺陷尺寸应按相关规程规定的方法估算。

(四)冲击-回波法

该方法适用于仅具备单面测试条件混凝土结构的浅层缺陷检测。

1. 仪器设备要求

仪器设备包括冲击器、传感器、数据采样分析系统、游标卡尺、钢卷尺等。

(1)冲击头应根据检测缺陷深度选择并可更换。

(2)传感器应采用具有接收表面垂直位移响应的宽带换能器,应能够检测到由冲击产生的沿着表面传播的P波到达时的微小位移信号。

(3)数据采集分析系统应具有功能查询、信号触发、数据采集、滤波、快速傅里叶变换(FFT)。

(4)采集系统应具有预触发功能,触发信号到达前应能采集不少于100个数据记录。

(5)接收器与数据采集仪的连接电缆应无电噪声干扰,外表应屏蔽、密封,与插头连接应牢固。

2. 检测要求

应先进行被检测混凝土结构无缺陷部位的P波波速测试,其波速值作为缺陷深度计算的基本参数。

(1)测点宜呈网状布置,间排距不宜大于30 cm,测试宜按某一方向逐点进行。

(2)冲击点距接收点(测点)不宜大于预估的缺陷深度的40%。

(3)冲击持续时间应小于P波往返传播时间,可按下式估算:

$$t_c < \frac{2h_c}{C_p} \tag{3-25}$$

式中　t_c——冲击持续时间,s;

C_p——混凝土P波波速,m/s;

h_c——被测试部位混凝土结构缺陷预估深度,m。

(4)每一测点应测试2次,结果相同进行下一点测试,否则应查明原因后复测。

(5)应对采集的波形进行快速傅里叶变换,当所得的振幅谱无明显峰值时,应查明原因或改变激振球的大小重复测试;当只有1个峰值时应判断混凝土无缺陷;当有2个及以上的峰值时,应判定混凝土存在缺陷,并重复测试进行验证。

(6)存在缺陷的混凝土部位应加密测点,其间距不宜大于原测点间距的1/2。

3. 检测成果及整理要求

(1)应给出时间域的波形图和频率域的振幅图。

(2)应对振幅谱中各峰值进行分析,给出缺陷振幅峰值所对应的频率值。

(3)混凝土结构缺陷顶部深度应按下式计算:

$$h_c = \frac{\beta C_p}{2f_c} \tag{3-26}$$

式中　h_c——混凝土结构缺陷顶部深度,m;

f_c——缺陷振幅峰值所对应的频率值,Hz;

C_p——混凝土P波波速,m/s;

β——结构截面的几何形状系数,可取0.96。

(4)应根据测试结果所确定的缺陷位置绘制缺陷平面图。

(五)钻芯法

混凝土内部缺陷检测宜采用超声波法、冲击－回波法、探地雷达法,必要时可钻取芯样试件进行验证。

重要工程或部位宜采用两种或两种以上的检测方法,以便检测结果相互印证,获得较准确的检测结果。

尽管钻芯法验证比较直观,但因其属于有损检测方法,所以现场检测中应尽量减少或不用该方法,以免给结构造成不必要的损伤。

(六)孔壁电视法

采用的方法是钻孔后放入全孔壁成像仪或工业内窥镜等仪器观测孔内混凝土质量。

1. 全孔壁成像仪

1)钻孔电视成像基本原理

钻孔电视成像系统采用了特殊的光学系统,能比较全面地观察孔壁四周图像。其基本原理是使用360°全景数字电视摄像，真实、全面地记录钻孔孔壁情况，采用 FPGA + DSP 的架构软件对图像进行采集处理，形成连续的全孔壁展开图像。孔壁图像是按N→E→S→W→N 顺序展开的，每一幅图像都从 N 开始展开，以保证图像方位的拼接。图像的纵向连接是按深度顺序拼接的，拼接精度为毫米，图像清晰，实现钻孔全壁面的影像成图，真实、全面地保存钻孔孔壁影像资料。

该设备在观察混凝土内空洞、裂隙、离析等缺陷的位置及程度中应用广泛。

2) 主要特点

(1) 内置 DSP 内核，自成体系，无须外接电源、电脑，图像自动拼接及保存。

(2) 集成高效图像处理算法，自动角度和深度校正，自动提取剖面图，全景视频图像和平面展开图像实时呈现。

(3) 仪器轻便小巧，防潮防尘，主机仅 350 mm × 240 mm × 261 mm(长 × 宽 × 高)，质量仅 6 kg，适用观测各种钻孔的产状。

3) 工程案例

某抚顺地区输水洞工程勘查中，为了解岩层信息，开展钻孔物探工作。

装置布置：在本次物探检测工作中，采用钻孔电视进行自动图像采集，现场展开、拼接，形成钻孔全孔壁柱状剖面连续图像实时显示，并连续记录全孔壁图像，见图 3-28。将记录的全孔壁数字图像进行编辑、拼接等处理，得到展布图见图 3-29。

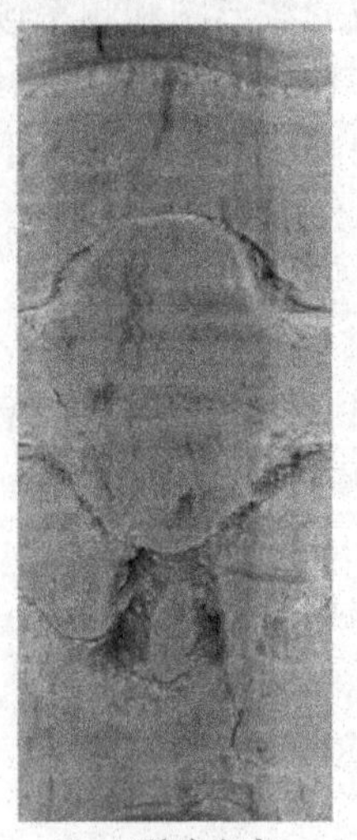
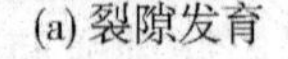
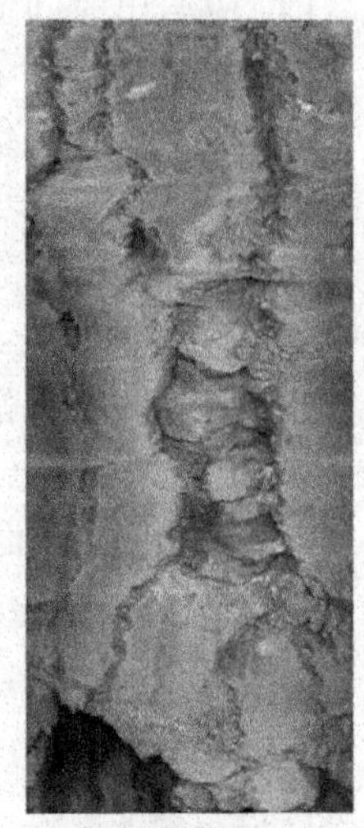

(a) 裂隙发育　　(b) 岩层破碎

图 3-28　某输水洞岩层钻孔电视采集图

2. 工业内窥镜

工业内窥镜可进行远距离目视检查，延长视距，在混凝土内部能任意改变视线的方向，是一种无损检测的方法。隧洞衬砌混凝土内部可能出现局部疏松、夹渣等缺陷，严重影响混凝土的质量，使工程存在安全隐患。在检测混凝土内部质量检测时，可以通过钻芯法结合工业内窥镜进行检测，这样可以更直观、更准确地了解混凝土内部质量。

1) 类型及工作原理

工业内窥镜主要分为 3 个种类，分别为视频内窥镜、直杆硬性镜和光纤内窥镜。

由于电子及成像技术的快速发展，工业内窥镜设备的发展与改进很快，目前，已广泛应用于飞机维修、锅炉、汽轮机、发电机设备检修等各个领域。从 20 世纪 80 年代以后工业内窥镜逐渐引入了视频技术，成为了最尖端的仪器。可以把工业内窥镜的摄像头通过检测孔放入到构件内部的不同深度位置，通过外部操作还可以对摄像头进行转动，准确地观察检测孔内任一点的真实情况，并能进行检测图像的采集和储存，实现远距离对混凝土内部质量进行目视观测。

2) 工程案例

根据委托方要求，检测混凝土内部是否存在振捣不实、分层、疏松、夹渣等质量缺陷，

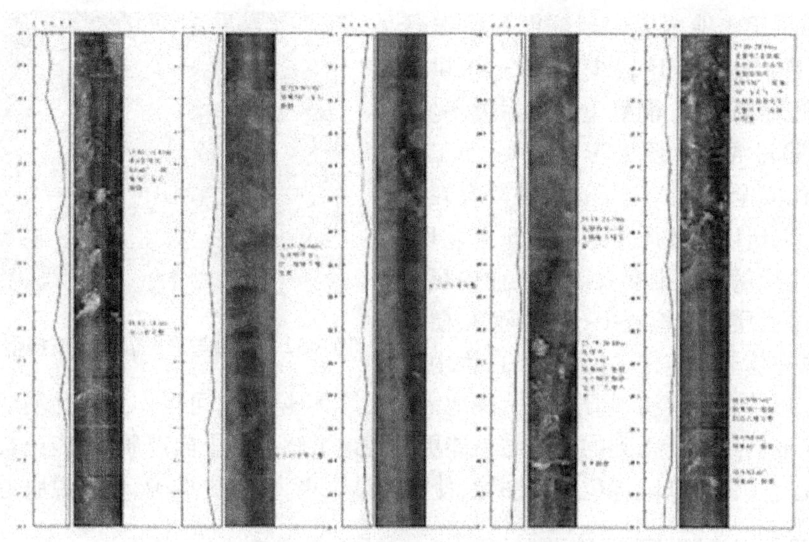

图 3-29　某输水洞岩层钻孔电视采集合成展布图

设备采用德国沃勒公司生产的型号为 VIS550 的工业内窥镜。

对某输水隧洞内部混凝土质量进行检测，通过地质雷达对衬砌混凝土进行检测，根据探地雷达图像可以初步判定其中某一段衬砌混凝土内部局部存在缺陷，首先采用钻芯法对初步判定缺陷部位进行验证，共钻取 90 cm 深度混凝土芯样。通过混凝土芯样可知缺陷部位混凝土振捣不实，把钻芯孔内的水抽出后，再通过工业内窥镜在缺陷处进行观测并保存观测资料，现场检测发现距混凝土表面 40 ~ 52 cm 深度范围存在振捣不实、内部脱空等现象，其余部位混凝土较密实，有少量气泡。芯样现状见图 3-30，二衬与初衬混凝土连接情况检测见图 3-31。

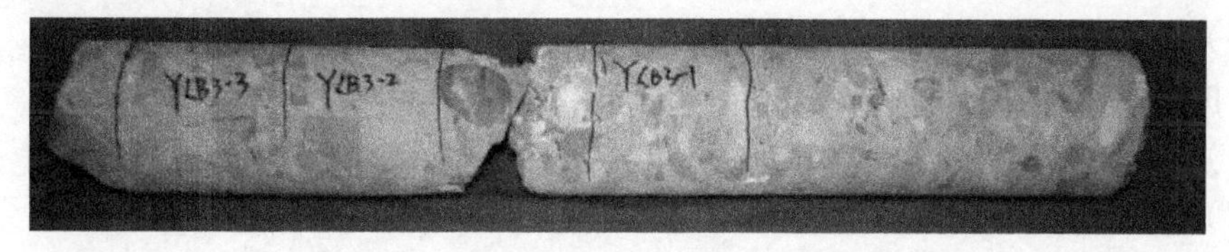

图 3-30　芯样现状

对某输水工程仰拱与垫层混凝土连接情况检测中，混凝土仰拱厚度 50 cm，下部为 30 cm 厚垫层，采用钻芯法钻至仰拱混凝土与垫层混凝土连接面，通过芯样可知连接部位存在夹渣、分层现象，把钻芯孔内的水抽出后，再通过工业内窥镜在缺陷处进行观测并保存观测资料，现场检测发现仰拱混凝土与垫层混凝土连接不紧密，连接面存在夹渣、分层现象，夹渣厚度为 15 ~ 30 mm。仰拱与垫层混凝土连接情况检测见图 3-32。

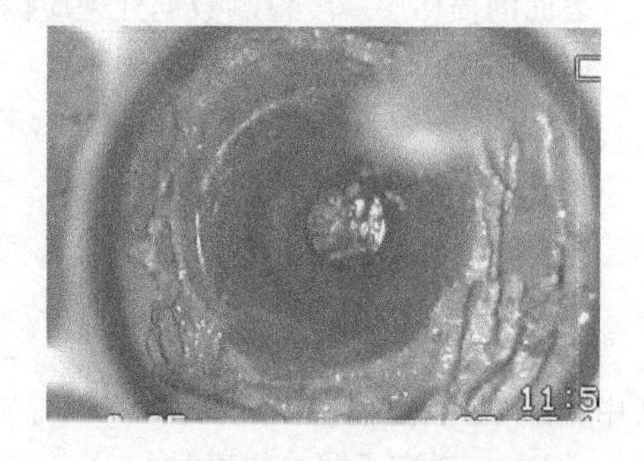

图 3-31　二衬与初衬混凝土连接情况检测

目前,采用工业内窥镜对隧洞衬砌混凝土内部质量检测的应用较少,隧洞边顶拱局部容易出现振捣不实,混凝土内部振捣不实、夹渣等缺陷对混凝土质量影响较大,使工程存在很大的安全隐患。由于这些缺陷存在于混凝土内部,所以这些质量缺陷很难被发现,内部混凝土质量检测难度大。把工业内窥镜应用到混凝土质量的检测中,设备简单、便于携带,现场操作非常方便,并且可以在水中进行观测,可以结合钻芯法、超声波法、探地雷达法等其他方法,可以作为一种辅助的检测方式,通过工业内窥镜所得到的检测结果能更直观地了解混凝土内部质量,能记录缺陷存在深度,并能完整保存缺陷部位完整图像,使检测结果更直观、更准确、更有说服力。

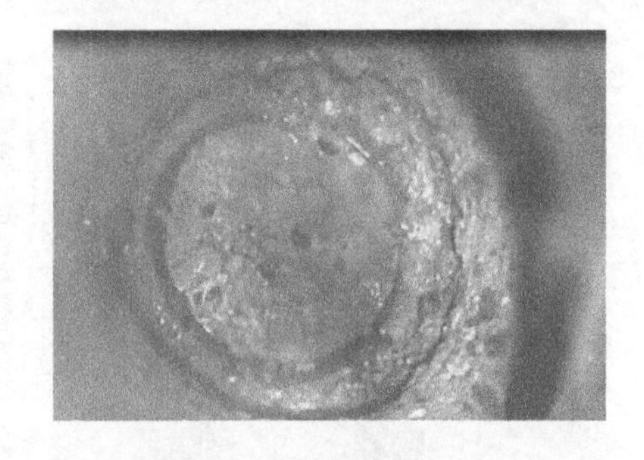

图 3-32　仰拱与垫层混凝土连接情况检测

五、混凝土衬砌厚度检测技术

厚度检测可采用超声波法、冲击－回波法、探地雷达法、钻孔法和钻芯法。

(一)超声波法

该方法适用于检测混凝土表面损伤层厚度和结构厚度。

1. 检测要求

表面损伤层厚度检测的测线和测点布置应符合下列要求:

(1)被测区测线布置不少于 3 条,且不得穿过接缝。

(2)测线投影不应与主钢筋重合。

(3)测试表面应平整,且无饰面层。

(4)一条测线内的测点不宜少于 10 个,且间距不宜大于 10 mm。

结构厚度检测应符合下列要求:

(1)具有一对相对平行的测试面。

(2)在测试面上均匀画出网格线,网格边长宜为 200 ~ 1 000 mm。

2. 数据处理

表面的损伤层厚度检测数据处理应按下列规定执行:

(1)绘制时间—距离关系曲线图。

(2)用回归分析方法分别求出损伤、未损伤混凝土测距 L 与声时 t 的回归直线方程。

损伤混凝土测距 L_i 按下式计算:

$$L_i = a_1 + b_1 t_i \tag{3-27}$$

未损伤混凝土测距 L_α 按下式计算:

$$L_\alpha = a_2 + b_2 t_\alpha \tag{3-28}$$

式中　L_i——拐点前各测点的测距,mm;

t_i——对应于图中的声时,μs;

L_α——拐点后各测点的测距,mm;

t_α——对应于图中的声时,μs;

a_1、b_1——回归系数，即损伤混凝土直线的截距和斜率；

a_2、b_2——回归系数，即未损伤混凝土直线的截距和斜率。

3. 结果要求

结构厚度检测结果应按下列规定执行：

(1)绘制图形及网特分布，将渡速标于图中的各测点处。

(2)结构厚度应按下式计算：

$$H = vt \times 1\,000 \tag{3-29}$$

式中　H——混凝土结构厚度，mm；

v——混凝土声速值，m/s；

t——超声波在混凝土结构上的传播时间，s。

(二)冲击－回波法

该方法适用于检测混凝土结构厚度。

1. 检测要求

(1)检测表面应平整干燥，测线宜与纵、横向钢筋成45°布设。

(2)冲击点距传感器的距离应小于被测混凝土结构厚度的40%。

(3)应重复测试以验证波形的再现性。

2. 结果要求

(1)应通过快速傅里叶变换，确定频谱图中振幅峰值相对应的频率值。

(2)低频振幅峰值应为结构厚度响应频率。

(三)探地雷达法

探地雷达法适用于检测无筋或少筋的混凝土结构厚度。

1. 检测要求

(1)雷达主机天线中心频率应根据混凝土结构预估厚度、介质特性等因素综合确定。

(2)仪器的信号增益应保持信号幅值不超出信号监视窗口的3/4，天线静止时信号应稳定。

(3)采样率宜为雷达天线中心频率的6～10倍。

(4)雷达天线中心频率范围宜为100～1 600 MHz，当满足检测要求时，宜选择频率相对较高的天线。

(5)测线宜均匀分布，与构件外边缘距离不小于100 mm，线距为500～1 000 mm。

2. 数据处理

(1)混凝土材料相对介电常数的标定符合相关规范规定。

(2)绘制雷达灰度图或色谱剖面图。

(3)依据雷达剖面图确定混凝土结构厚度分层界面，根据测定的电磁波在各结构层中的双程传播时间 t，按下式计算混凝土结构厚度：

$$H = \frac{1}{2} vt \times 1\,000 \tag{3-30}$$

式中　H——混凝土结构厚度，mm；

v——电磁波在混凝土介质中的传播速度，m/s；

t——电磁波在混凝土中的双程传播时间，s。

（四）钻孔法

该法适用于精确测量混凝土结构及其损伤层的厚度。

钻孔孔径应不破坏原结构安全且能满足测试要求；当有其他钻孔检测项目时，可与之结合进行厚度检测。

损伤层厚度检测时钻孔深度应穿越损伤厚度，并满足测试要求。

（五）钻芯法

以喷射混凝土喷层厚度检测为例。

1. 检测方法

（1）不过水洞室可采用针探、钻孔或其他方法检测。有压隧洞宜采用无损检测法检测。

（2）喷层厚度检测断面的间距可按表3-14确定。但每一个独立工程检测数量不应少于一个断面。每个断面以拱冠为基准，向两侧每隔2～5 m布置一个测点，每个断面的测点不应少于5个，其中拱部测点不应少于3个。

表3-14　喷层厚度检测断面间距

工程类型	检测断面间距（m）
一般隧洞（Ⅰ、Ⅱ类围岩）	50～100
一般隧洞（Ⅲ、Ⅳ类围岩）、水工隧洞、竖井	20～50
Ⅴ类围岩、大型洞室	20～30

2. 评定标准

实测喷射混凝土厚度的合格率应为：

（1）大型洞室、水工隧洞和竖井不应低于80%。

（2）一般隧洞不应低于60%。

（3）实测厚度的平均值应不小于设计尺寸。未合格测点的厚度不应小于设计厚度的1/2，但其绝对值不应小于50 mm。

（4）对重要工程的拱、墙喷层厚度的检查结果，应分别进行统计。

（5）混凝土衬砌厚度检测中，衬砌厚度不小于设计要求的95%且最小衬砌厚度不低于设计要求的90%。

3. 案例分析

在对某输水工程主洞喷射混凝土厚度检测中，现场采用钻芯法共抽检10个断面，25个测点，喷射混凝土及混凝土芯样外观见图3-33，检测结果见表3-15。

由表3-15可知，该主洞各类围岩喷射混凝土厚度抽检均达到设计要求。

六、锚杆质量检测技术

（一）锚杆拉拔试验

检查端头锚固型和摩擦型锚杆质量应做拉拔力试验，采用方法为锚杆拉拔仪法。

图 3-33　主洞 30 + 749.40 处右边墙喷射混凝土外观、混凝土芯样外观

表 3-15　某输水工程主洞喷射混凝土厚度检测结果

序号	围岩类型	桩号（m）	检测部位		喷射混凝土厚度（cm）		说明
			构件名称	距仰拱距离（m）	实测值	设计值	
1	Ⅲ类	30 + 910.85	左边墙①	1.36	12.5	10.0	
2		30 + 909.85	右边墙②	1.34	12.7	10.0	
3	Ⅳ类	30 + 872.60	左边墙①	1.35	12.8	10.0	
4		30 + 872.60	右边墙②	1.10	11.6	10.0	
5		30 + 872.60	右边墙③	1.20	12.5	10.0	
6	Ⅳ类	30 + 817.00	左边墙①	1.15	11.9	10.0	
7		30 + 817.00	右边墙②	1.25	11.4	10.0	
8	Ⅳ类	30 + 805.60	左边墙①	1.05	>15.5	10.0	钻至 15.5 cm 处芯样断裂
9		30 + 805.60	左边墙②	1.15	>19.8	10.0	未钻至岩石
10		30 + 804.24	右边墙③	1.20	>17.8	10.0	钻至 17.8 cm 处芯样断裂
11	Ⅳ类	30 + 785.20	左边墙①	1.20	>24.7	10.0	钻至 24.7 cm 处发现布（布条或抹布）
12		30 + 786.50	右边墙②	1.24	>19.4	10.0	未钻至岩石
13		30 + 786.50	右边墙③	1.27	20.9	10.0	
14	Ⅳ类	30 + 749.40	右边墙①	1.31	>25.3	10.0	未钻至岩石
15		30 + 749.40	右边墙②	1.37	23.4	10.0	
16	Ⅴ类	30 + 725.30	左边墙①	1.17	>27.5	15.0	未钻至岩石
17		30 + 726.50	右边墙②	1.24	>21.2	15.0	未钻至岩石
18	Ⅴ类	30 + 690.47	左边墙①	1.25	>31.1	15.0	未钻至岩石
19		30 + 690.07	右边墙②	1.35	28.4	15.0	

续表 3-15

序号	围岩类型	桩号(m)	检测部位		喷射混凝土厚度(cm)		说明
			构件名称	距仰拱距离(m)	实测值	设计值	
20	Ⅳ类	30 + 671.47	左边墙①	1.14	9.6	10.0	
21		30 + 671.47	右边墙②	1.21	12.5	10.0	
22		30 + 671.47	右边墙③	1.27	12.3	10.0	
23	Ⅳ类	30 + 651.00	左边墙①	1.14	21.2	10.0	
24		30 + 652.00	右边墙②	1.21	10.6	10.0	
25		30 + 652.00	右边墙③	1.29	12.1	10.0	

1. 检测方法

(1)在拉拔力检测锚杆的外露端接一加长杆,加长杆的接口(螺栓或焊口)和加长杆的强度应大于杆体的抗拉强度,其长度应满足检测要求。

(2)平整锚杆外露端的孔口岩面,安装传力板,保证检测锚杆承受轴向拉力。

(3)安装拉拔器和其他设备,拉拔器的轴线应与杆体轴线同心。

(4)试验数量按每 300 根(包括总数少于 300 根)锚杆抽样一组,每组不应少于 3 根,检查锚杆的位置应包括边墙和顶拱锚杆。地质条件变化或原材料变更时,应至少抽样一组,重大工程的抽样数量应适当增加。

2. 注意事项

锚杆拉拔力检测时应遵守下列规定:

(1)安装拉拔器和其他设备拉拔器的轴线应与杆体轴线同心均匀。

(2)均匀、缓慢、逐级施加拉拔力,加荷速率不宜大于 1 kN/s,每级加荷后应立即测定锚杆位移量。

(3)每级加荷后应立即测定锚杆位移量。

(4)检测过程中应记录检测锚杆位置、拉力值位移值和检测过程中的异常现象。

(5)检测设备应定期标定,并应符合计量要求。

(6)检测设备应安装牢固、符合安全规定。

3. 锚杆施工质量合格条件

根据拉力计指示值和拉力计的特性参数计算拉拔力,并按以下规定判定锚杆质量:

(1)同组锚杆的拉拔力平均值应符合设计要求。

(2)任意一根锚杆的拉拔力不应低于设计值的 90%。

(3)注浆密实度应低于 70%。

(4)锚杆的拉拔力不符合要求时,检测应再增加一组;如仍不符合要求,可用加密锚杆的方式予以补救。

(二)锚杆长度检测技术研究

锚杆大量应用于隧洞、边墙、岩壁等工程的建筑当中,其质量的保证对于整个工程具有重要意义。但由于岩体风化及裂隙中的地下水对岩石的影响，会导致锚杆出现不可避免的老化或劣化的现象；另外，由于锚杆施工属于隐蔽工程，如果施工过程中质量得不到保证，如灌浆不密实，或张力不足，甚至出现长度不够时，会严重影响边坡的稳定性，从而造成无法挽回的社会损失及经济损失。因此，有必要对锚杆质量进行检测，以更好地保证锚杆在工程中发挥作用。

岩锚多功能检测仪具有对岩体和锚杆无损伤、可靠性好、检测效率高等特点。因此，它对监督和保证锚杆施工的质量，发挥着重要作用。

1. 工作原理

当锚杆中间某处出现灌浆不密实现象时，相当于出现材料的不连续性，这种不连续性可以用机械阻抗来表示。一般用 z 来表示材料的机械阻抗，即 $z=\rho CA$（A 是指断面面积）。发生变化的边界面上，传播的弹性波会产生波的反射和透过。

基本理论基础：两种不同媒介垂直入射。

这是最简单的一种情况，例如在锚杆的底部、锚杆与周围岩体之间就存在较大的阻抗差。此时，激振产生的弹性波的反射可以按图 3-34 所示分析。

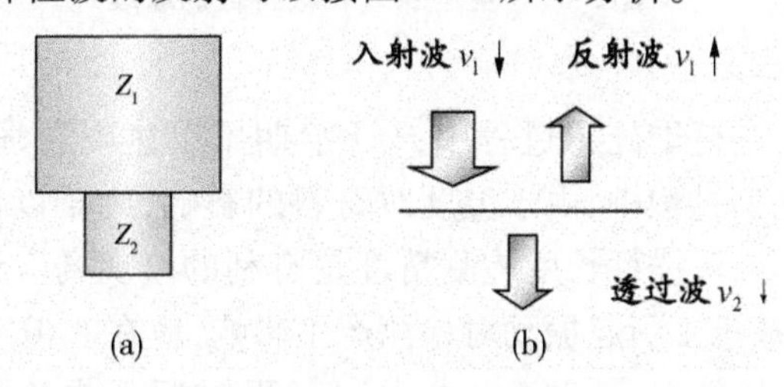

图 3-34　变化的机械阻抗面发生的反射和透过

这里，$v_1\downarrow$，$v_1\uparrow$ 表示单元 1 的粒子的运动速度（入射和反射），v_2 表示单元 2 的粒子的运动速度。在界面上产生弹性波的反射以及透过，可以表示为如下方程：

反射波：$v_1\uparrow=\dfrac{z_1-z_2}{z_1+z_2}v_1\downarrow$；

透过波：$v_2\downarrow=\dfrac{2z_2}{z_1+z_2}v_1\downarrow$。

此外，反射波和透过波的大小用振幅率来表示：

振幅反射率：$R=\dfrac{|z_1-z_2|}{z_1+z_2}$；

振幅透过率：$T=\dfrac{2z_2}{z_1+z_2}$。

弹性波的反射和透过具有如下性质：

（1）媒介的机械阻抗相同（$z_1=z_2$），那么就算材料不同，也不会产生波动。

（2）两种媒介的机械阻抗相差越大，反射率也越大。对于锚杆检测而言，锚杆的先端是软弱土层时，其反射信号则要比先端是坚硬岩石时更为明显。

（3）在机械阻抗减小（$z_1>z_2$）时，反射波和入射波符号相同（相位相同）。当锚杆的先端是土层和松散岩体、混凝土时，其反射信号与激振信号同向，而在先端是坚硬岩石，其反射信号有可能与入射信号反向。基于能量衰减特性的原理见图 3-35。

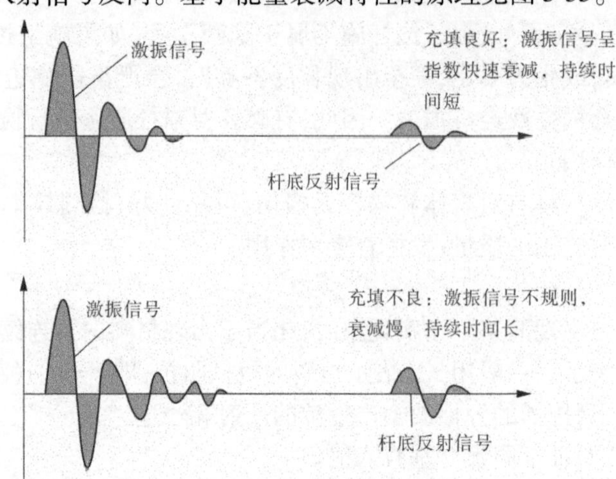

图 3-35 基于能量衰减特性的原理

2. 对现场及设备要求

对现场一般而言，在夏季施工过程中，3 d 龄期可以达到灌浆材料硬化，可以进行现场试验，但是在冬季施工过程中，由于温度对材料的影响，则难以保证。在灌浆材料硬化不充分时进行现场检测，对锚杆长度检测精度是有利的。现场应注意防水、防尘等，并且要尽量保证无其他设备施工引起振动对检测产生影响，应在 -10 ~ 50 ℃环境下工作。

在实际检测过程中，一般参照《水电水利工程锚杆无损检测规程》(DL/T 5424—2009)，宜选用超磁激振器或冲击激振器，采集仪器应具有：①现场显示、输入、保存波形信号、检测参数的功能；②模拟放大的频率带宽不宜窄于 0.01 ~ 50 kHz，A/D 不应低于 16 位，采样频率不小于 500 kHz；③接收传感器的感应面直径小于锚杆直径，通过强力磁座与杆头耦合。

3. 锚杆长度的检测方法和波速的取值

锚杆长度 L 的检测方法采用反射法测试，即

$$L = \frac{1}{2}c_{\mathrm{m}} \times \Delta t_{\mathrm{e}} \tag{3-31}$$

式中 c_{m}——同类锚杆的波速平均值；

t_{e}——锚杆底部反射波反射时间。

当锚杆较短，杆底反射信号的起始点不易分辨时，可以采用频谱分析的方法。但是，对于较长的锚杆，其激振与反射信号类似于图 3-36 和图 3-37。

由图 3-36 和图 3-37 可以看出，FFT 频谱呈等差分布，即具有倍频关系，其相邻峰值间隔 Δf 即为全体信号的频谱(0.076 Hz)。

因此，锚杆的长度可按下式计算：

$$L = \frac{1}{2\Delta f}c_{\mathrm{m}}$$

其中，Δf 为幅频曲线上相邻谐振峰之间的频差(见图 3-38)。

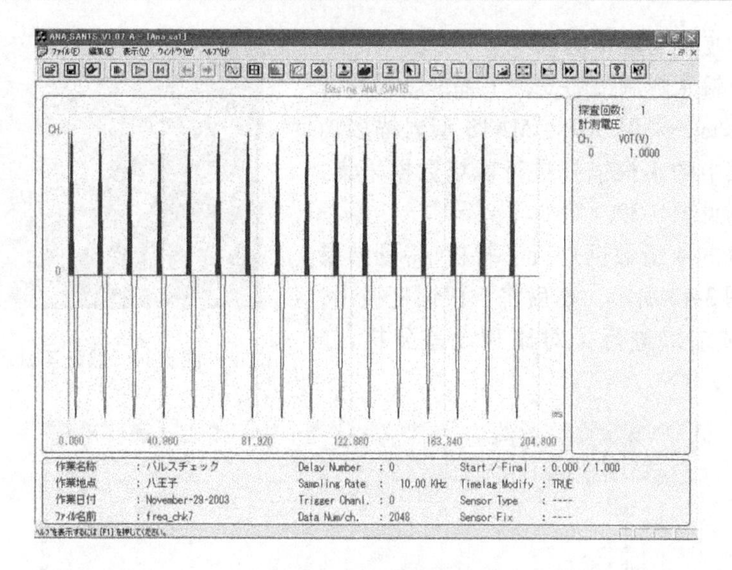

图 3-36　脉冲信号

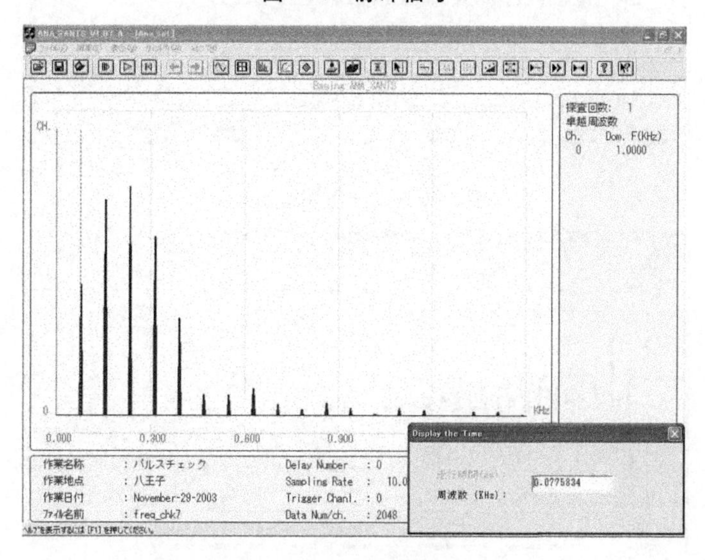

图 3-37　FFT 频谱

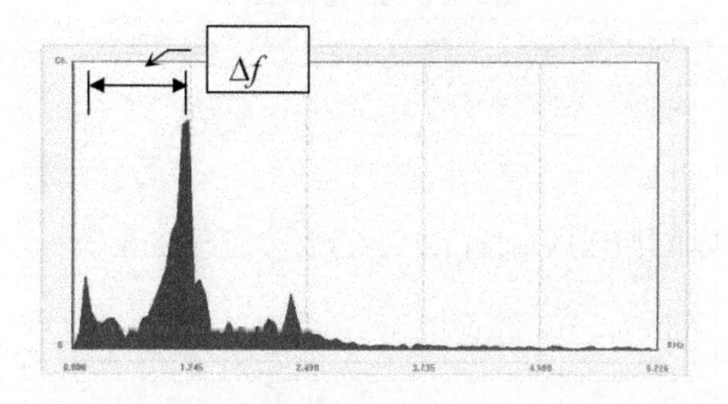

图 3-38　Δf 的说明

4. 锚杆长度现场验证测试

某长距离输水隧洞锚喷支护工程现场,锚杆设计长度为 1.5 m。采用 SRB－MATS 型岩锚多功能检测仪对其中的 4 根锚杆进行现场数据采集,验证测试现场见图 3-39。

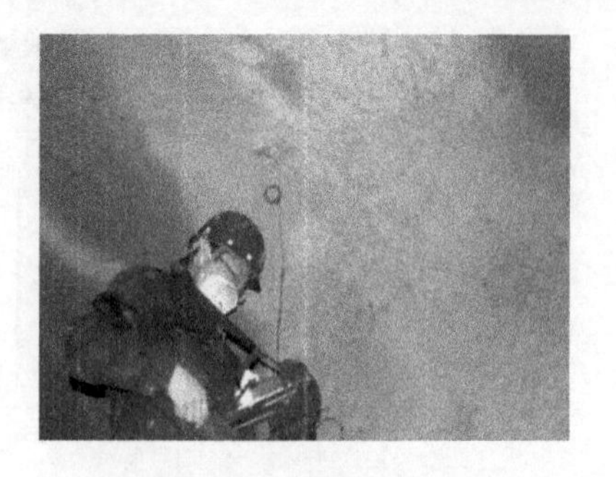

图 3-39　验证测试现场

将采集到的 4 组数据进行了解析,得到结果如图 3-40 ~ 图 3-43 所示。然后将 4 根锚杆拔出,并与解析测试结果进行了对比和误差分析,如表 3-16所示。

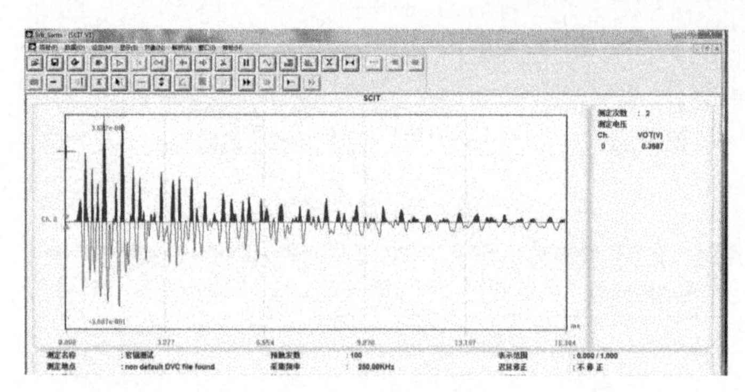

图 3-40　第一组解析结果

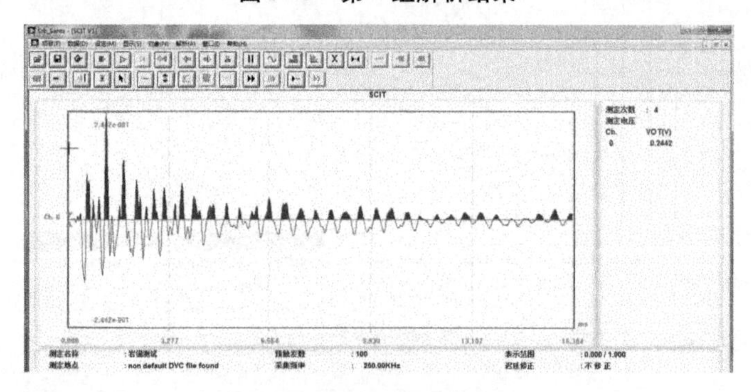

图 3-41　第二组解析结果

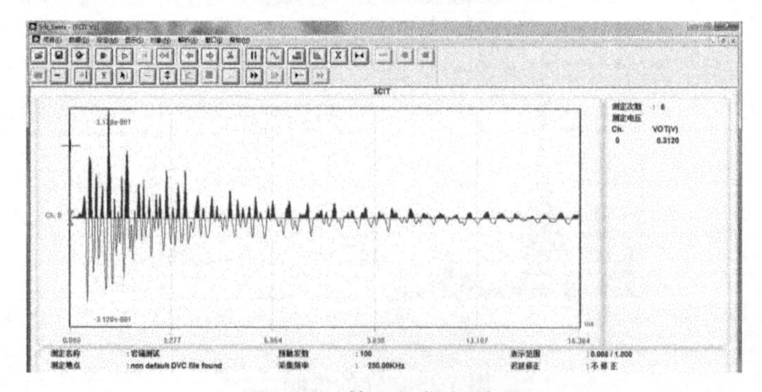

图 3-42　第三组解析结果

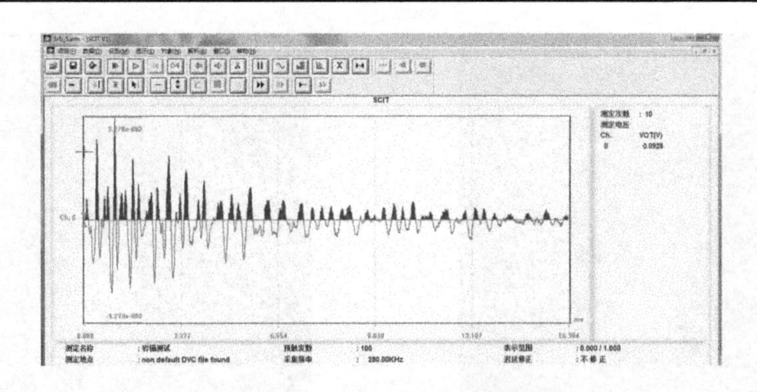

图 3-43　第四组解析结果

表 3-16　锚杆长度现场验证测试结果

组号	锚杆编号	测试长度(m)	实际长度(m)	相对误差(%)
1	YM－1－1	1.533	1.520	0.86
2	YM－1－2	1.554	1.530	1.57
3	YM－1－3	1.533	1.525	0.52
4	YM－1－4	1.554	1.535	1.24

由表 3-16 结果可知,现场所测锚杆验证误差为 0.52% ~1.57%。表明 SRB－MATS 型岩锚多功能检测仪测试的锚杆长度误差较小,且满足《水电水利工程锚杆无损检测规程》(DL/T 5424—2009)允许误差要求,测试结果可靠。

5. 结语

通过岩锚多功能检测仪对现场锚杆长度进行验证测试,精度和适用的范围可以达到工程要求。通过本无损检测技术的应用,可以对实际工程中的锚杆进行监测,对已控制隐蔽工程中锚杆的质量、提高工程整体质量具有现实意义。

七、隧洞断面尺寸检测技术

隧洞断面尺寸测量的技术要求是:检测点位限差应满足工程设计图纸及相关技术要求,即平面 ±25 mm,高程 ±20 mm。

主要采用隧道断面仪或激光扫描仪法。两者采用的方法均为极坐标法。

在某重点工程出口隧洞断面测量中,分别采用国际上通用的徕卡隧道扫描仪和激光隧道断面检测仪对其进行扫描,分别测得施工隧洞实际尺寸与设计的偏差,计算出超欠挖的土石方量,形成完整的图表分析系统,并对两者测量结果进行对比分析。

(一)徕卡隧道扫描仪法

1. 测量区域选择

现场选择 2 种类型隧洞进行扫描,分别为二衬后的隧洞和初衬后的隧洞,现场情况见图 3-44 和图 3-45。

图 3-44　二衬隧洞检测

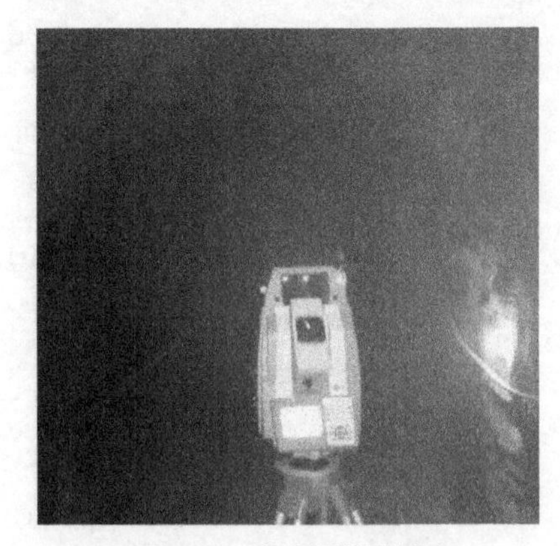

图 3-45　初衬隧洞检测

2. 测量数据处理

经过数据处理,得到徕卡隧道扫描仪测量结果,见图 3-46 和图 3-47。徕卡隧道扫描仪三维表面分析结果及超欠挖分析结果见图 3-48 和图 3-49。

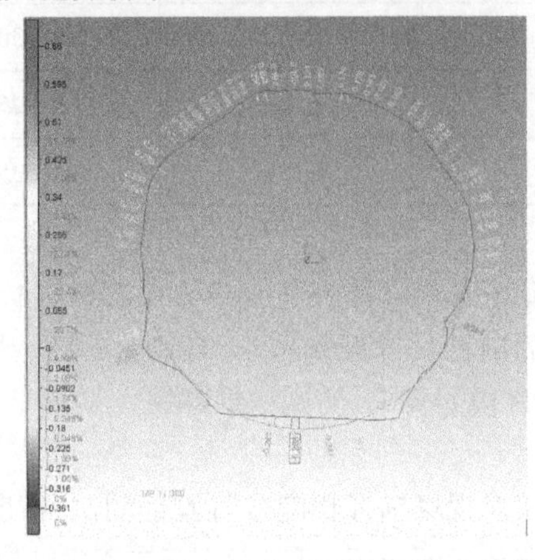

图 3-46　初衬隧洞断面徕卡隧道扫描仪测量结果

(二)激光隧道断面检测仪法

1. 测量区域选择

测量区域选择与徕卡隧道扫描仪相同,现场也选择 2 种类型隧洞进行扫描,分别为二衬后的隧洞和初衬后的隧洞。

2. 测量数据处理

经过数据处理,得到激光隧道断面检测仪测量结果,见图 3-50 和图 3-51。

(三)结语

徕卡隧道扫描仪和激光隧道断面检测仪对测量隧洞断面尺寸具有众多优势和适应性,比如快速扫描、自动成像、断电连续、图像直观清晰等,但前者在隧洞三维处理中优势明显,而在断面二维成像方面没有后者直观。总之,在长距离输水隧洞的衬砌质量检测中两者相互辅助使用,必将发挥出各自的优势,为确保建设工程的质量提供了可靠支撑。

图 3-47 二衬隧洞断面徕卡隧道扫描仪测量结果

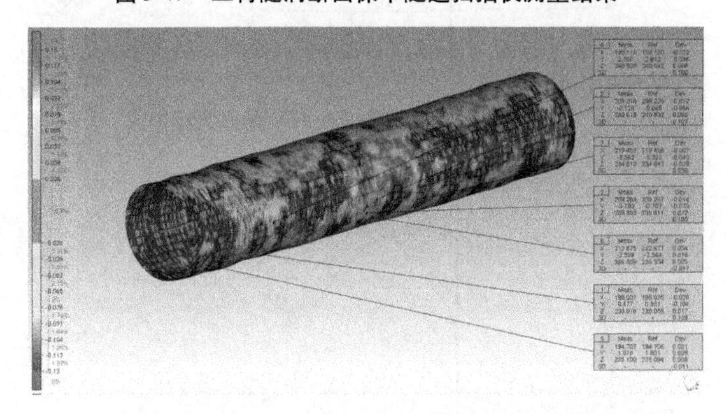

图 3-48 初衬隧洞断面徕卡隧道扫描仪三维表面分析结果

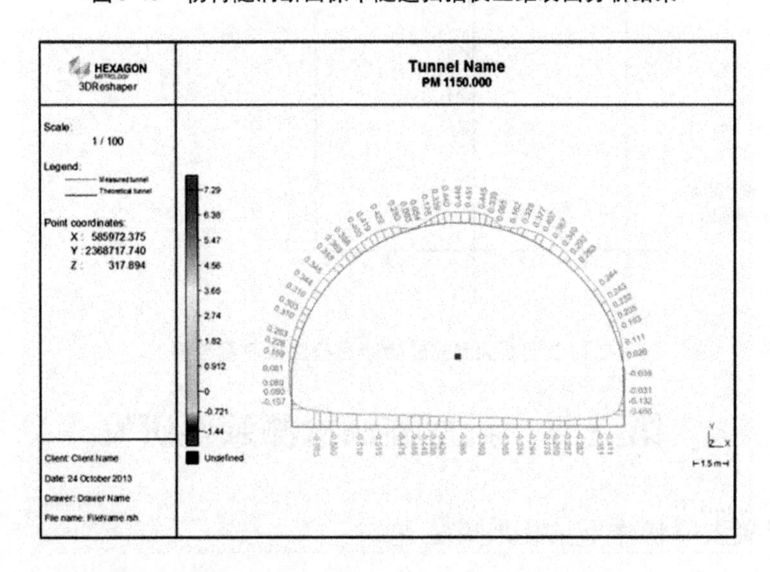

图 3-49 初衬隧洞顶拱徕卡隧道扫描仪超欠挖分析结果

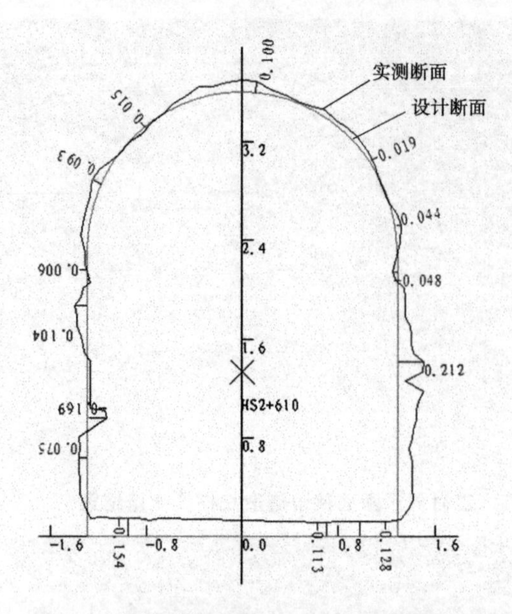

图 3-50 初衬隧洞断面激光隧道断面检测仪测量结果

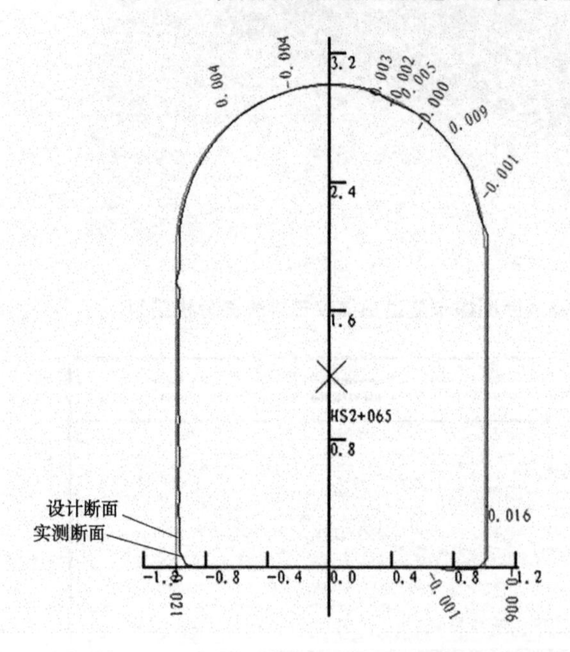

图 3-51 二衬隧洞断面激光隧道断面检测仪测量结果

第三节 新型隧洞检测装置研发

一、混凝土原状样干钻法采集装置

（一）研发背景

在水工混凝土实体工程试验检测中，钻芯取样最常用的方法是湿钻法。所使用的设备主要有立式或轮式钻芯机及潜水泵等,采用边钻边通水的方式将钻头部位的尘渣随潜水泵抽送的水流排出,同时水流对钻头进行冷却。湿钻法虽然能够完整地取到混凝土芯样,但是当对整个混凝土结构层进行钻芯取样检测时,该方法会破坏结构层中的混凝土原状物质,例如硬化水泥、骨料及矿物质、泥土等,从而无法观测到取样部位的原始状态。此外,在隧洞顶拱部位钻芯取样时,由于重力水无法发挥作用,导致钻芯工作无法进行,因此在上述情况下使用干钻法钻取芯样就成为必然的选择。

普通干钻法钻芯取样没有配备辅助设备及相关措施,在操作过程中常导致工作区烟尘弥漫,无法准确观察钻头进深情况,操作人员也需要采取严密的防护措施才能顺利地开展作业。即使佩戴了防护眼罩、防护镜等装备,但是恶劣的操作环境仍不利于即时观测、操作钻芯机。因此,非常有必要研制出一种能够改进钻芯操作装置、配备适宜的排尘渣、收尘除尘设备、采取降噪排污措施、改善操作环境的混凝土原状样干钻法采集装置。

(二)装置设计与实施方式

混凝土原状样干钻法采集装置由钻芯机、高压风机、进风控制器、收尘器、排污器等几部分构成,分别介绍如下。

1. 钻芯机

钻芯机为目前市面上最普遍、最成熟的技术产品,与湿钻法钻芯机通用。本装置中采用的是立式钻芯机,可安装内径为 20 mm、30 mm、50 mm、80 mm、100 mm、150 mm 的多种型号的钻头,可钻深度达 1 200 mm。它通过其马蹄形底座布置在预采样的混凝土表面,并在底座设置六处固定螺丝将钻芯机与混凝土固定;钻芯机安装有钻头,钻头可通过钻芯机的转盘及丝杠垂直地向混凝土内部钻芯实现原状芯样采集。

2. 高压风机

高压风机也为市面上最常用的技术产品,主要为小型高压鼓风机或者小型便携式静音压缩机。它通过带有压力表的风管与进风控制器连接。

3. 进风控制器

进风控制器由进风控制管装有进风控制压力表和进风控制阀门构成,通过进风控制管安装在钻芯机转轴根部,向钻头内部提供压力风。其压力风通过进风控制器控制钻芯机钻头内的进风压力,以排出前端钻头部位的尘渣,同时可以适当冷却钻头。

4. 收尘器

收尘器通过由圆柱形收尘罩外壁焊接的四个支撑耳和穿过支撑耳的定位杆组成的收尘罩固定机构固定在钻芯机的马蹄形底座上。它由收尘罩、光圈式罩口、密封刷、收尘罩、排风管等组成。

1)收尘罩

收尘罩为透明亚克力板材制成的圆柱形罩体,圆柱形罩体底部为开口,并布置一圈密封刷与圆柱形罩体底边缘紧密接触。圆柱形罩体顶部安装有光圈式罩口,钻芯机的垂直向钻头与光圈式罩口中心边缘接触,并穿过光圈式罩口中心抵达混凝土表面。

2)光圈式罩口

光圈式罩口由上罩口环形板、齿轮盘、光圈式叶片、叶片小齿轮和调节机构组成。上罩口环形板与圆柱形收尘罩采用密封焊接方式固定为一个整体。齿轮盘由圆环形亚克力板制成，齿轮盘设有内齿和外齿，设置在上罩口环形板上面的环形滚动槽内，槽内布置钢制滚珠，避免齿轮盘绕环心旋转时与上罩口环形板之间产生滑动摩擦。光圈式叶片为八片透明亚克力板而制成的月牙板，每片月牙板的外弧段均位于相邻月牙板内弧段的上部，按此布设，八片光圈式叶片依次盖压呈圆周分布，并叠加布置在上罩口环形板上方。叶片小齿轮为八个分别设置在八片光圈式叶片下方，并与齿轮盘处于同一水平面上，八个叶片小齿轮均与齿轮盘内齿啮合，八个叶片小齿轮通过各自的齿轮轴镶嵌固定在月牙板端部，各自的齿轮轴的长度随八个叶片叠加厚度使长度递增。叶片小齿轮上面与下面均带有限位凸起，既起到固定叶片、隔离叶片与齿轮盘的作用，同时防止齿轮盘从叶片小齿轮上整体脱出。当齿轮盘做圆周运动时，带动八个叶片小齿轮旋转，从而使八片光圈式叶片绕各自的齿轮轴做同步旋转，并根据旋转角度的不同而形成不同直径的圆形罩口，形成光圈效应，以便适应不同直径的钻头穿过，见图 3-52。

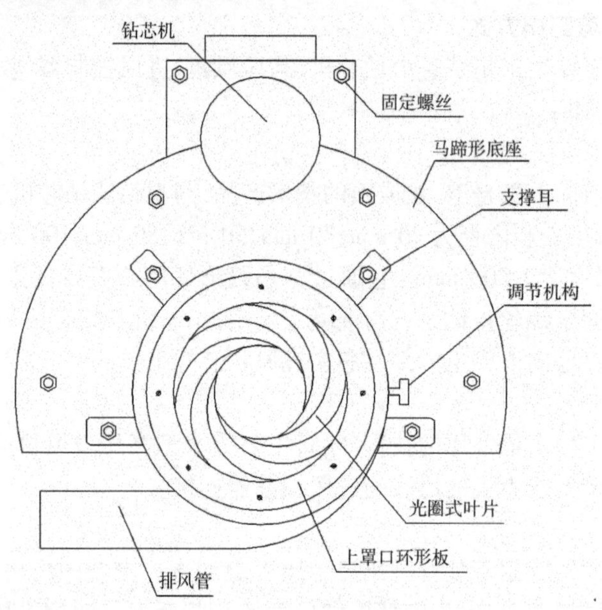

图 3-52　混凝土原状样干钻法采集装置收尘器顶面平面图

钻头外缘与光圈式叶片紧密接触，可以起到既不妨碍钻芯作业，同时隔绝烟尘的作用。调节机构由驱动齿轮、伞齿轮组和调节手柄组成，设置在上罩口环形板和齿轮盘边缘处，通过驱动齿轮与齿轮盘外齿啮合组合安装在一起。当转动调节手柄时，调节手柄带动伞齿轮组变换运动方向，伞齿轮组带动驱动齿轮将调节手柄的转向力传至齿轮盘，齿轮盘随之旋转做圆周运动，从而使齿轮盘带动叶片小齿轮和光圈式叶片形成整体性展开和闭合的不同直径的光圈式同心圆罩口，其变化过程见图 3-53。

3）密封刷

密封刷为一圈具有一定厚度的柔性毛刷，紧密的毛鬃既可以防止灰层外漏，同时可适应轻微不平整基面，紧密附着在混凝土表面。

4）收尘罩

收尘罩固定机构由圆柱形收尘罩外壁焊接的四个支撑耳和穿过支撑耳的定位杆组

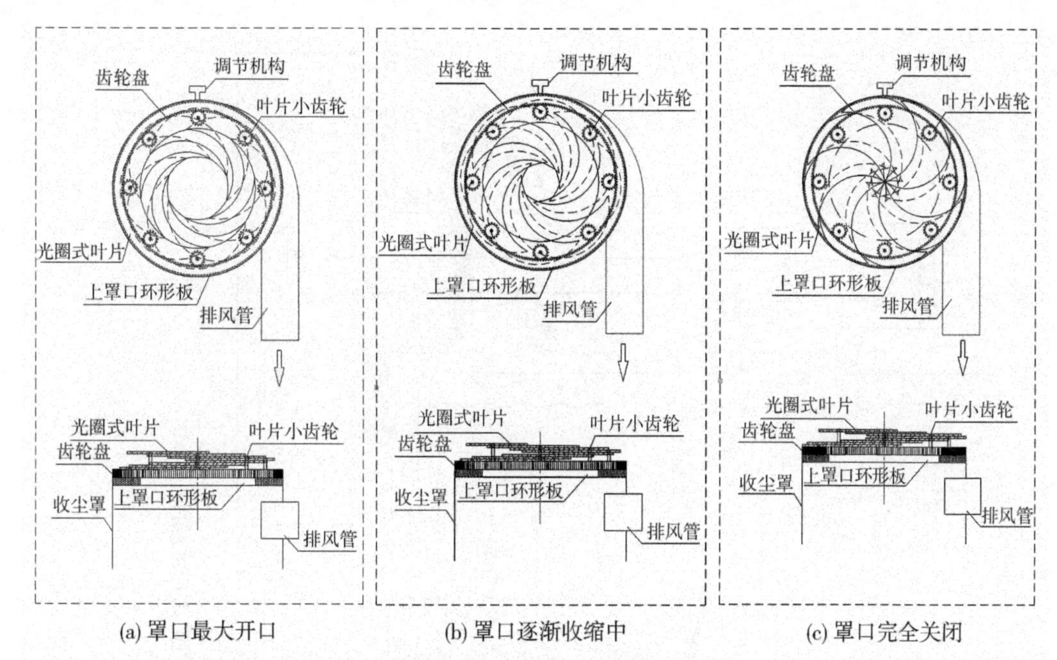

图 3-53　混凝土原状样干钻法采集装置收尘器的光圈式罩口形态变化示意图

成。定位杆穿过支撑耳中部预留的螺丝孔拧紧到马蹄形底座，定位杆顶部设压力弹簧，可以使收尘罩与密封刷紧密接触混凝土表面，防尘降噪。

5) 排风管

排风管连接轴流风机，轴流风机通过收尘罩外接的排风管利用抽风形成的负压将收尘罩中钻芯作业形成的杂质和烟尘向外排出，并与排污器相连。

5. 排污器

排污器通过其水雾管段连接在收尘罩的排风管上。它由小型便携式潜水泵、水雾管段、排污口组成。小型便携式潜水泵置于储水槽中，用水管连接水雾管段，水雾管段一端连接轴流风机的排风管，另一端为排污口，水雾管段为一段直径较大的双层硬质橡胶管，管壁交错分布多个水雾喷头，喷头出雾方向朝向排污口。水雾管段依靠水雾使排风管气体中的微颗粒由悬浮状态变为水溶状态。作业时，潜水泵输送压力水带动水雾喷头形成雾状，含有灰尘的气体通过水雾管段，即可将灰尘变为污泥经排污口排出。

该装置总结构示意见图 3-54。

（三）技术特点及应用前景

该装置具有排尘渣、适量冷却、收尘降尘、降噪排污的综合作用，还具有便于观察、容易操作、简单便携的优点，同时使钻取的芯样尽量保持原状，并能够有效降低钻机和钻头的损耗。整套装置除了立式钻芯机比较笨重，其他设备及部件均体积较小、质量较轻、方便组装拆卸，简单便携。

该装置能够解决混凝土原状芯样干钻法采集时遇到的烟尘污染、磨损钻头等问题，尤其解决了隧洞顶拱部位钻芯取样困难的检测技术难题，大幅度提升了长距离输水隧洞衬砌混凝土钻芯法检测技术水平。

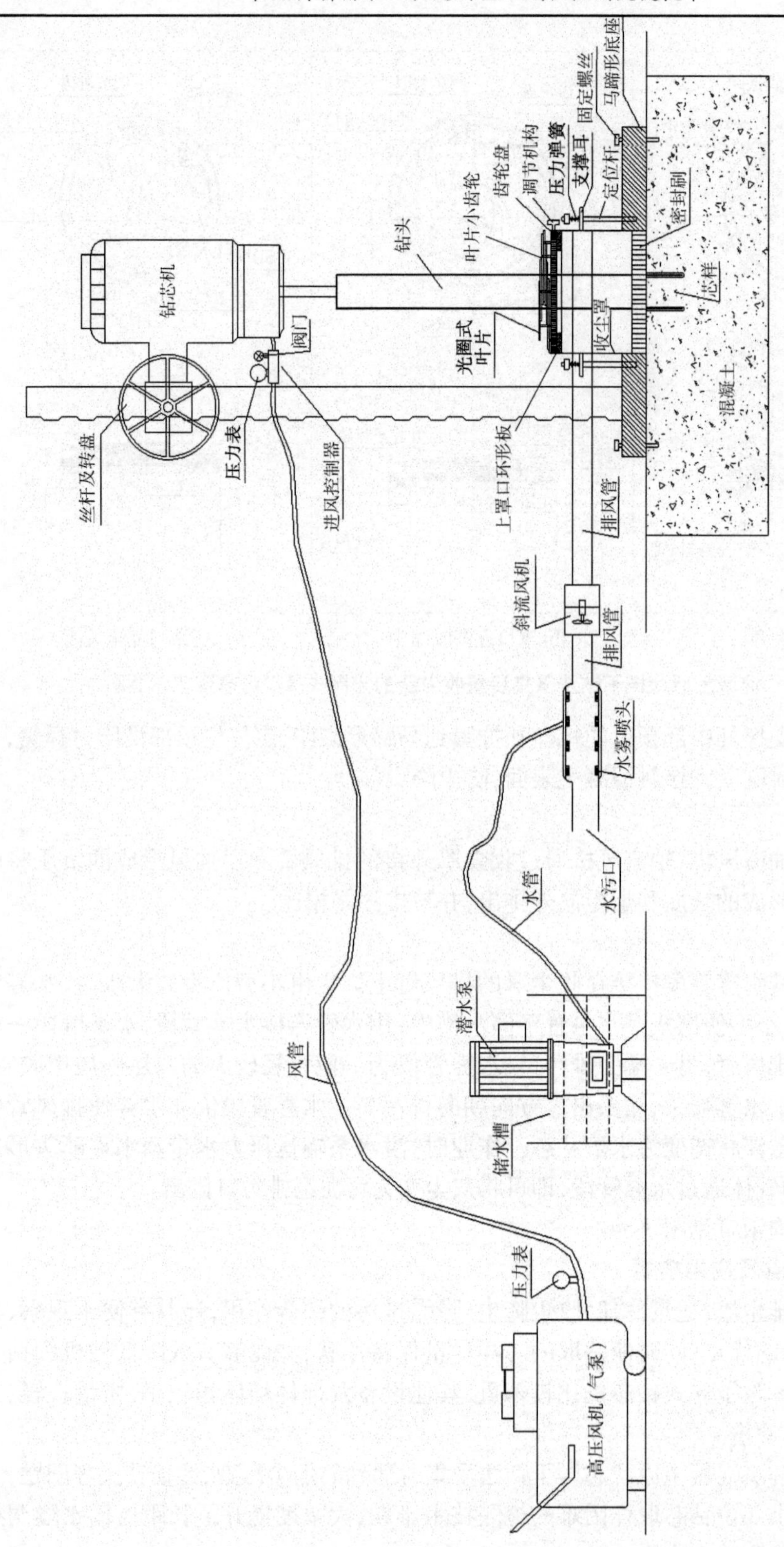

图 3-54　混凝土原状样干钻法采集装置总结构示意图

二、移动式隧洞全断面综合检测装备

（一）研发背景

在长距离输水隧洞中开展试验检测，需要涵盖大量检测仪器设备和技术。受试验检测环境及技术条件影响，隧洞试验检测具有周期长、范围广、内容多、工作效率低等特点。随着隧洞掘进技术快速发展，如何研制出一种综合试验检测装备，它既能同时开展多项试验检测任务、使用多种试验检测设备、同时摆脱环境制约，又能满足隧洞全断面、精准定位、高效率、多角度、多工位作业的试验检测特点，就显得非常迫切。

（二）装置设计与实施方式

移动式隧洞全断面综合检测装备是由可移动基座、曲臂工作平台、定位装置、检测技术供应系统、移动工作室、安全保障与警示系统、拓展模块等构成的一个有机整体，见图3-55。

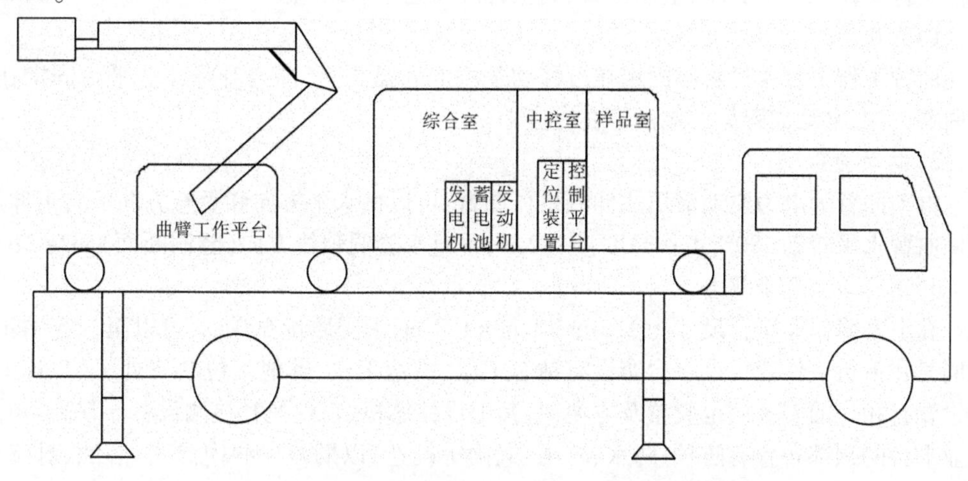

图3-55　移动式隧洞全断面综合检测装备结构示意图

1. 可移动基座

可移动基座由底盘上安装行进与控制系统、支撑机构、固定机构及吊装机构组成，分别介绍如下。

1）行进与控制系统

行进与控制系统包括发动机（或电动机）、蓄电池、发电机、变速箱、传动系统、驾驶室、驱动轮、行进轮、可控制车轴与地面角度的轮轴液压控制器（平衡机构）、刹车、方向控制系统及高空控制装置、地面控制装置。轮轴液压控制器（平衡机构）可以控制车轴与地面的角度，不同的角度控制可以实现不同断面形式下车轮与地面的接触角不同时，车轮仍然具有较好的稳定作用。同时在行进过程中，如果遇到地面不平有较大凹坑的情况，通过调节液压装置来实现各个车轮均匀受力，保证检测轨迹准确、操作平台平稳行进。

2）支撑机构

支撑机构为位于底盘四角的液压升降支腿，实现整个底盘的升降或斜向支撑。当采用外部动力驱动时，可以将底盘自支撑升起或者起吊整个机构，将机构整体落座于外部工作车上，使用工作车保持行进状态，此时需采用固定机构将底盘紧密牢固地固定于工作车之上；当采用自身动力保持行进时，可将液压升降支腿收纳于底盘内部。

3）固定机构

固定机构共有六处，位于底盘两侧，每侧布置三处，固定机构可以通过液压方式实现底盘与工作车的车厢紧密固定，将整个装备牢牢地固定于工作车之上，并可以适应各种类型的货车车厢。

4）吊装机构

吊装机构位于底盘四角，可以通过钢丝绳吊运，并在特殊条件下，实现将整个装备装配于工作车之上，装备整体的起降、固定、平衡等动作均通过相应的气动或液压装置来实现。

2. 曲臂工作平台

曲臂工作平台由底座、电动曲臂、高空升降作业平台组成。

1）底座

曲臂工作平台通过底座固定在可移动基座的底盘之上，高空升降作业平台固定在电动曲臂一端，电动曲臂另一端固定在底座上。

2）电动曲臂

电动曲臂为电力驱动液压式伸展机械曲臂，可以做水平方向和垂直方向的自由伸展，其中曲臂水平转动 180°，工作高度 4 ~ 12 m，垂直于隧洞轴线方向（隧洞断面）回转 270°。

3）高空升降作业平台

高空升降作业平台尺寸为 2.5 m × 1 m × 1.2 m，承受质量 600 kg，可以至少容纳 4 个人同时在平台上作业。该平台布设有钻芯工位、雷达工位、其他工位共三处工位，各工位均设置有相应的安装固定装置及方便架，其上设钻芯机、雷达及其检测设备。在高空升降作业平台的顶部布置有防护、防水、防雨、遮雨等构造，以期减少洞内渗漏、溶蚀、射流、落石等工程灾害带来的影响，见图 3-56。

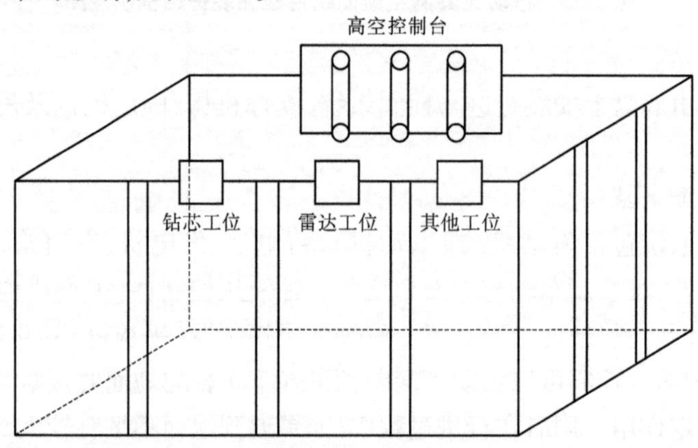

图 3-56　移动式隧洞全断面综合检测装备曲臂工作平台之高空升降作业平台示意图

3. 定位装置

定位装置布设在可移动基座的底盘上，包括检测点定位、全断面扫描的断面扫描仪；

行进路线精准定位的红外线测距仪；检测点精准标示、定位，雷达测线标示的红外标线仪；保证整个装备沿测线可靠行进，实时显示并校核行进轨迹的定位巡航仪。

4. 检测技术供应系统

由设在可移动基座的底盘上的控制平台实施地面控制装置控制，又可于高空升降作业平台的顶部布置的高空控制台实施高空控制装置控制，包括供风系统、供水系统、供暖系统、电力供应系统。

1）供风系统

供风系统包括静音压缩机、油水分离器、压力气体储罐、压缩机外罩降噪设施、风管、风枪、风嘴，其用途主要用于压力气体清理基面、压风检查、干燥处理、干法钻孔检测，见图 3-57。

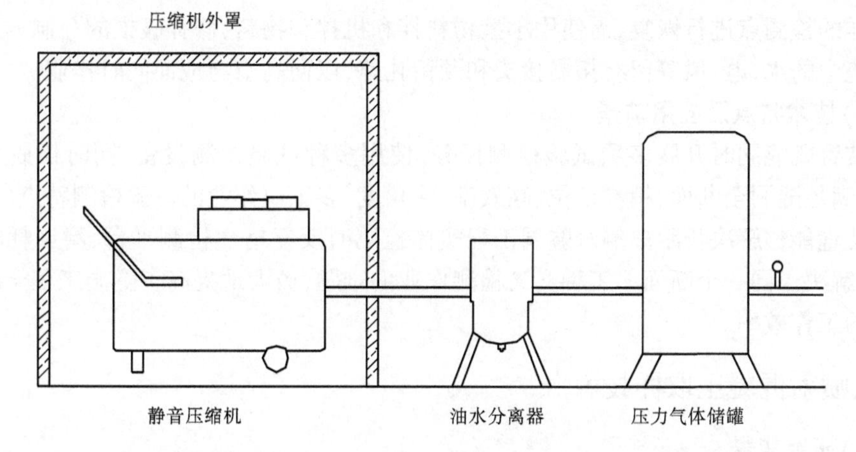

图 3-57 移动式隧洞全断面综合检测装备检测技术供应系统之供风系统示意图

2）供水系统

供水系统包括储水罐、压力泵、高压管、高压喷枪、止水针头，其主要用于高压水清理基面、压水试验、湿法钻孔检测。

3）供暖系统

供暖系统采用电暖器，其用途是保证现场检测移动工作室的工作环境干燥、温暖，便于各种试验、检测操作。

4）电力供应系统

电力供应系统包括 380 V 外接动力电接口及线路、220 V 外接电源接口及线路、220 V 自备电源、36 V 自备照明电源、漏电保护系统、车载外置小型汽油 220 V 发电机以及相应的降噪设施。优先使用外接电源，其次采用自备电源，电力不足或无外接电源情况下，启用车载外置小型汽油发电机（220 V）发电。高空控制装置由高空控制台使水、电、风接口，电动曲臂及高空作业平台的运动可以由高空控制台按钮来实现。检测所需水、电、风等由相应设备接口供应。

5. 移动工作室

移动工作室布置在可移动基座的底盘上，包括样品采集室、中控室、综合室。其中，样品采集室主要用于数据采集与样品临时性储存、运输，布置有小型货架；中控室主要布置有行进与控制系统的地面控制装置的操控台、按钮,包含各种定位装置的综合显示屏,包含检测技术供应系统的控制平台上各种控制器与管路、阀组;综合室布置有检测技术供应系统中的各种主要设备,作为各类试验、检测工具及器材的临时收纳室,布置有小型收纳货架和办公器材,同时兼作检测人员临时休息室。

6. 安全保障与警示系统

安全保障与警示系统主要分布于高空作业平台、电动曲臂和移动工作室顶部、底盘四周,包括作业平台安全防护栏、安全锁、全身安全带、操作人员固定装置、警示灯、电子警示标识。

7. 拓展模块

拓展模块位于移动工作室的综合室,主要用于安置其他临时性设施和机械设备,如对钻芯取样的检测点进行恢复,需使用小型物料拌和机拌和物料,修补破损的孔洞。对检测供应系统中的水、电、风等留有拓展接头和预留孔路,以便高空与地面同时作业。

(三)技术特点及应用前景

该装置既能同时开展多项试验检测任务、使用多种试验检测设备、同时摆脱环境制约,又能满足隧洞全断面、精准定位、高效率、多角度、多工位作业的试验检测特点。

该装置能够解决长距离输水隧洞工程实体检测时反复搭建检测平台、磨工耗时等问题,尤其解决了同一个断面多工种交叉检测作业的难题,极大地提高了隧洞工程全断面试验检测的工作效率。

三、喷射混凝土取样技术

(一)研究背景

根据《水利水电工程锚喷支护技术规范》(SL 377—2007)的要求,喷射混凝土应该做抗压强度检查,同时对有防渗要求的喷射混凝土支护,应按照规范要求进行取样,以验证喷射混凝土是否达到设计要求。规范要求对喷射混凝土抗压强度及抗渗性试件制作要求如下:

(1)喷射混凝土抗压强度检测试件应在现场施工工程中通过“喷大板”切割法取得。在喷射混凝土作业时,向450 mm×350 mm×200 mm(长×宽×高)开敞式木模中喷射施工作业所用的混凝土,并在与施工现场相同的条件下养护。拆模后制成100 mm×100 mm×100 mm标准试件3块,养护28 d后进行抗压强度试验,也可以进行劈拉强度试验。

(2)喷射混凝土抗渗性能检验的试样应在喷射混凝土作业时,向450 mm×350 mm×200 mm(长×宽×高)开敞式木模中喷射施工作业所用的混凝土,并在与施工现场相同的条件下养护。拆模后钻取直径为150 mm、高150 mm的圆柱体标准试件6块进行试验。

目前,工程中常规使用的喷射混凝土试样制取方法就是“喷大板”后再加工标准试件,但大板模具存在以下问题:

(1)目前使用的大板模具一般选用人工合成的复合板材质来制作,制样装置的盒底和两侧都很光滑。刚制作好的喷射混凝土样品因为具有一定的塑性,在重力作用下,喷射混凝土样品向下蠕动,使喷射混凝土样品产生与制样装置短边方向平行的裂纹,裂纹影响试验的测量精度。

(2)在制作喷射混凝土抗渗试件时,SL 377—2007 要求的大板模具的尺寸与制作抗压强度的尺寸相同,但实际上略有不足,钻取 6 块直径为 150 mm、高 150 mm 的圆柱体标准试件有困难,应再略大一些。目前使用的制样装置不能同时满足各种规格的制样要求,每次制作样品时,需要按照检测要求临时定做木盒,且木盒的加工过程不好控制,制作的木盒拆模后就不能重复使用了。

(3)由于喷好的“大板”尺寸较大,其质量较大,为 70 ~ 75 kg,移动不方便,拆模后也很难移动搬运。

为此,辽宁省水利水电科学研究院设计研发了喷射混凝土抗压强度、抗渗性能可调移动式制样装置,该装置不易变形,可以同时满足喷射混凝土抗压强度、抗渗性能等样品制取需求,其尺寸可调,可以重复使用。同时,该装置设有即插即拆式轮子,可以靠人为移动,方便搬运。

(二)装置设计及实施方式

为了解决现有技术存在的问题,本装置采用的技术方案是:喷射混凝土抗压强度、抗渗性能可调移动式制样装置,包括长侧板、定位滑动杆、方头螺丝杆、底板和 U 形木板。长侧板的数量为两个,每个长侧板的底端均设置有一个连接基座,底板插入连接基座的沟槽中,一个连接基座与定位滑动杆的一端相连,另一个连接基座上设置有套筒;定位滑动杆的另一端插入套筒内并能在套筒内滑动,两个长侧板与底板上均匀设置有若干条 U 形沟槽,短侧板和 U 形木板分别插入和镶嵌在沟槽中;两个连接基座的底部均设置有螺丝孔,方头螺丝杆穿过螺丝孔,方头螺丝杆的两端为方形杆头。

喷射混凝土抗压强度、抗渗性能可调移动式制样装置在实际使用中,该可调移动式制样装置可以满足不同规格的制样要求。该装置是由长侧板、短侧板、底板、连接基座、定位滑动杆、方头螺丝杆和 U 形木板组成的长方体金属盒,不易变形,提高了重复使用率,保证样品制作的质量;所有可调机构都隐藏在盒体背面,这样不仅便于拆卸和组装,还便于清理在制样过程中附着在所有构件表面的混凝土,有利于可调移动式制样装置的维修保养。同时,该装置设有即插即拆式轮子,可以靠人为移动,方便搬运。

由于整个装置的各个部分是可以进行组装和拆卸的,因此在存放、运输等环节都可以节约空间、减少费用支出。

底板、短侧板、短侧板的插入位置、U 形木板这些部件的尺寸可以依据不同的试验制样要求进行变化,需要变化样品规格时只要对应组合好相应尺寸规格的底板、短侧板、U 形木板即可,试件的长度需要缩短时只要调整短侧板的位置即可实现,根据现场条件的不同,选择不同尺寸的 U 形木板即可实现凸起高度的不同。组装方便,不同的组合方式可以同时满足喷射混凝土抗压强度、抗渗性能样品制取要求,同时其尺寸可调,可以重复使用。从而能够保证制样的质量,提高样品制作的效率。

该装置有车轮、拉杆,保证在完成制样后,将整个样品轻松移动到指定位置。

该装置侧视图、主视图、俯视图分别如图 3-58 ~ 图 3-60 所示。

在侧视图中,本实用新型喷射混凝土抗压强度、抗渗性能可调移动式制样装置,包括长侧板 1、定位滑动杆 6、方头螺丝杆 7、底板 3 和 U 形木板 8。

长侧板 1 的数量为两个,每个长侧板 1 的底端均一体连接有一个连接基座 5,长侧板

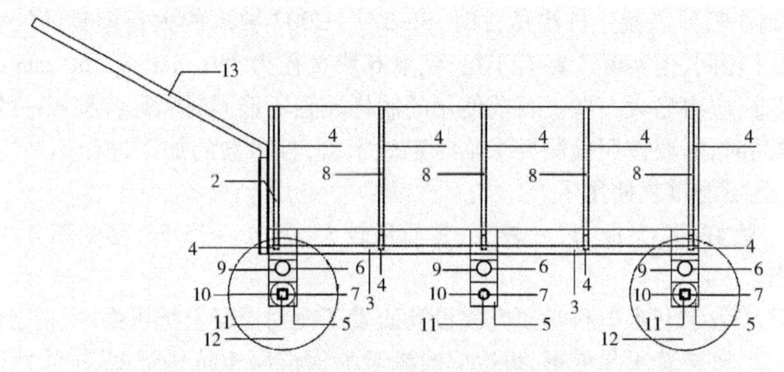

1—长侧板;2—短侧板;3—底板;4—沟槽;5—连接基座;6—定位滑动杆;
7—方头螺丝杆;8—U 形木板;9—套筒;10—螺丝孔;11—方形杆头;12—车轮;13—拉杆

图 3-58　装置侧视图

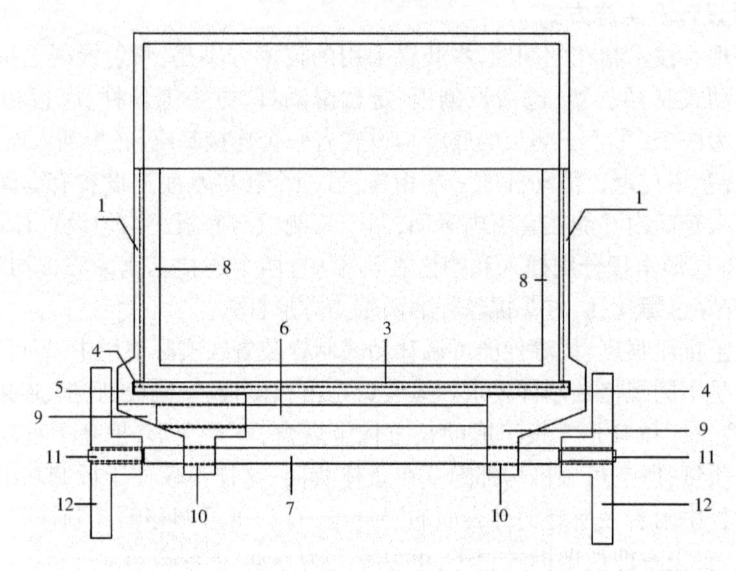

1—长侧板;2—短侧板;3—底板;4—沟槽;5—连接基座;6—定位滑动杆;
7—方头螺丝杆;8—U 形木板;9—套筒;10—螺丝孔;11—方形杆头;12—车轮;13—拉杆

图 3-59　装置主视图

上设置有沟槽。长侧板、连接基座是由铸铁制成的。两块长侧板相对位置的平行靠近与离开是由连接基座的相对移动来带动的。依靠定位滑动杆的定位作用使两块长侧板的相对位置保持平行不变。

底板 3 为一个带有沟槽的长方形钢板,底板 3 插入连接基座 5 的沟槽中,其中一个连接基座 5 与定位滑动杆 6 的一端相连,另一个连接基座 5 上设置有套筒 9,定位滑动杆 6 的另一端插入套筒 9 内并能在套筒内滑动,定位滑动杆 6 与套筒 9 之间涂布润滑油保持滑动平顺。当连接基座紧固时,底板就被沟槽夹紧,形成稳固的金属盒的底部。两个长侧板 1 与底板 3 上均匀设置有若干条 U 形沟槽 4,沟槽 4 的宽度正好可以使 U 形木板 8 镶嵌其中。定位滑动杆的作用是保持两个长侧板与连接基座的整体相对平行地靠近或者离开,保持所组成的盒体各边平行。定位滑动杆既可定位,保持盒体形状不变,同时可以滑

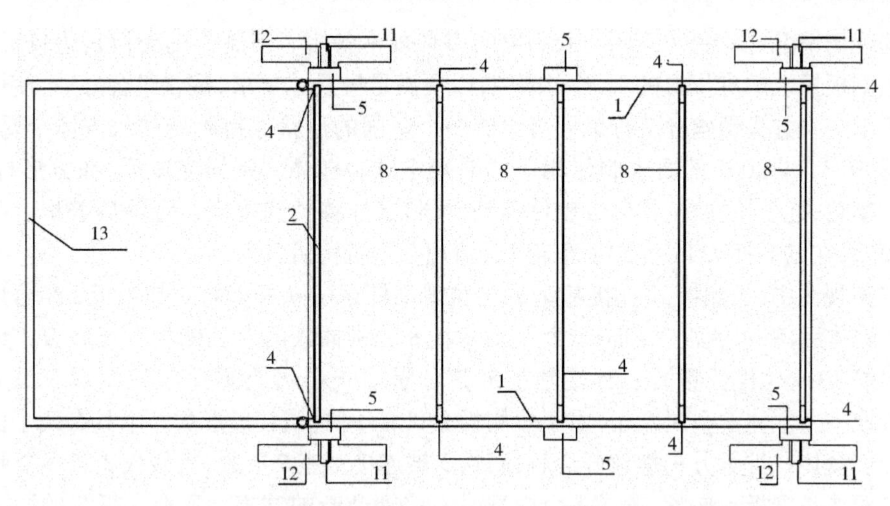

1—长侧板;2—短侧板;3—底板;4—沟槽;5—连接基座;6—定位滑动杆;
7—方头螺丝杆;8—U 形木板;9—套筒;10—螺丝孔;11—方形杆头;12—车轮;13—拉杆

图 3-60 装置俯视图

动,以适应不同尺寸的底板;同时便于拆卸和组装制样装置,便于从盒体中取出样品。

U 形木板为预制木板制品,选用三合板或者五合板制作,U 形木板整体镶嵌在由底板、长侧板共同组成的 U 形沟槽里,露出沟槽的部位就形成了一圈 U 形的凸起,由底板、长侧板共同组成的 U 形沟槽有多条,镶嵌多个 U 形木板的盒体内部就能形成多圈 U 形的凸起带,这些凸起带能够有效承载混凝土的重力,从而使喷射混凝土不易向下滑动,凸起的高度依据不同的混凝土而有所变化。凸起的高度不同使 U 形木板预制有多种规格,使用中依据现场要求来选择。

短侧板 2 的数量为一块,短侧板插入由长侧板和底板形成的沟槽 4 中与底板和长侧板共同组成一个半封闭的长方体金属盒子。U 形木板 8 镶嵌在沟槽 4 中。两个连接基座的底部均设置有螺丝孔 10,方头螺丝杆 7 穿过螺丝孔 10,方头螺丝杆 7 的两端为可以施用扳手的方形杆头 11。当使用套筒扳手转动方形杆头时,螺丝杆转动,使长侧板以及连接基座的相对位置保持平行地同时靠近或者同时离开,从而使长侧板以及连接基座整体将底板同时夹紧或者松开。

两块长侧板 1 以及连接基座 5 的相对位置依靠定位滑动杆 6 的定位功能保持相对平行,两者的相对距离依靠定位滑动杆 6 的移动相对变化;当使用套筒扳手转动方形杆头 11 时,方头螺丝杆 7 转动,使两个长侧板 1 以及连接基座 5 的相对位置同时靠近或者同时离开,从而使长侧板 1 以及连接基座 5 整体将底板 3 同时夹紧或者松开。方形杆头 11 与车轮 12 相连。

长侧板 1 上安装有拉杆 13,用于拖曳整个装置。

车轮 12 为钢质材料,为即插即拆式的,安装于方头螺丝杆 7 的方形杆头 11 部位,车轮 12 上安装有锁定装置,以便固定车轮 12,防止车轮 12 脱离方形杆头 11。制样时,选择适宜该试验的符合尺寸要求的底板与其他部件进行组合,组合好长方体的金属盒后,同时选择适宜尺寸的 U 形木板镶嵌在底板与侧板组成的 U 形沟槽里;针对不同稠度的喷射混凝土,U 形木板的凸起尺寸并不完全一样,为了制造不同高度的凸起,U 形木板的制作可以依据现场情况提前制作不同凸起高度的多种规格备用。当制作的大板长边较短时,可以将短侧板插入适宜位置的 U 形沟槽中,以便满足短尺寸要求,装置组合好后,使用套筒扳手等工具将方头螺丝杆 7 拧紧即可组成一个坚固的形状保持不变的长方体金属盒,然后依据 SL 377—2007 的要求制作相应的混凝土试验样品。制样完成后,在方形杆头 11 上安装车轮,拖动拉杆,制样装置整体移动,可将试样移动到指定位置停放养护。制样装置拆模后,在方形杆头 11 上卸下车轮 12,清理各个机构后备用。

在正视图中,长侧板 1、连接基座 5、定位滑动杆 6、方头螺丝杆 7 与底板 3 组合成一个 U 形结构体后,将短侧板 2 和若干个 U 形木板 8 分别插入两个长侧板 1 与底板 3 组成的 U 形沟槽 4 中,这样长侧板 1、连接基座 5、定位滑动杆 6、方头螺丝杆 7、底板 3、短侧板 2 就组合成一个立体的金属盒子,由于短侧板 2 只有一块,该装置形成一个具有四个面的长方体金属盒体。拧紧方头螺丝杆 7 后,底板 3 被连接基座 5 夹紧,短侧板 2 和多个 U 形木板 8 被两块长侧板 1 夹紧,形成一个内部带有多圈凸起的试模。U 形木板 8 的两个竖边长度的不同可以作为样品制作厚度的参考,在沟槽 4 中插入 U 形木板 8 后,竖边的顶部位置即可作为喷射混凝土喷涂厚度的标记。

在俯视图中,长侧板 1 尺寸不变,底板 3 与相对应的短侧板 2 和 U 形木板 8 的组合以及短侧板 2 插入位置的变化可以满足不同长度、宽度的制样要求。U 形木板 8 的尺寸可以根据样品厚度以及不同宽度的制样要求而进行变化,同时多种凸起高度满足不同塑性、不同成型速度的喷射混凝土的制样要求。

(三)拆分组合方法

转动方头螺丝杆 7,使两个长侧板 1 与连接基座 5 整体张开,将底板 3 插入连接基座 5 上的沟槽 4 中,调整好位置后,稍微紧固一下方头螺丝杆 7,使底板 3 被沟槽 4 轻微夹紧,在长侧板 1 与底板 3 形成的 U 形结构中插入短侧板 2、U 形木板 8 后,拧紧方头螺丝杆 7,长侧板 1、短侧板 2、连接基座 5、底板 3、U 形木板 8 就组合成一个内部带有多圈 U 形凸起的长方体盒体结构。当制作好的试件养护完毕后,转动方头螺丝杆 7,使长侧板 1 与连接基座 5 整体张开,达到盒体整体与试件松动脱离的状态,将试件从盒体中取出后,即可清理盒体各个机构,保养后备用。车轮 12 为即插即拆式的,可以方便地安装于方头螺丝杆 7 的方形杆头 11 部位。制样完成后,拖动拉杆 13,制样装置可整体移动。制样装置拆模后,在方形杆头 11 上卸下车轮 12,清理、保养各个机构后备用。

(四)技术特点及应用前景

转动方头螺丝杆 7,使长侧板 1 与连接基座 5 整体张开,将底板 3 插入连接基座 5 的沟槽 4 中,调整好位置后,稍微紧固一下方头螺丝杆 7,使底板 3 被连接基座 5 的沟槽 4 轻微夹紧,在长侧板 1 与底板 3 形成的 U 形结构中插入短侧板 2、U 形木板 8 后,拧紧方头螺丝杆 7,长侧板 1、短侧板 2、连接基座 5、底板 3、U 形木板 8 就组合成一个内部带有多圈 U 形凸起的长方体盒体结构。其中,底板 3、短侧板 2、U 形木板 8 的不同的尺寸相配合可以组合成多种规格的盒体,U 形木板 8 的不同的竖边尺寸还可作为不同厚度的标记。将组合好的盒体各部位拧紧固定后,按照《水利水电工程锚喷支护技术规范》(SL 377—2007)相应的制作混凝土大板的使用方法将盒体安放于制作现场的墙壁位置,使用喷射混凝土向盒体内喷射成型,成型后的盒体由人工搬运至规定位置进行同条件养护。当制作好的试件养护完毕后，转动方头螺丝杆7，使长侧板1与连接基座5整体松开，达到盒体整体与试件松动脱离的状态，将试件从盒体中取出后，将长侧板1、短侧板2、底板3、沟槽4、连接基座5拆分后进行表面清理。U形木板8保留在试件上。清理定位滑动杆6、方头螺丝杆7、螺丝孔10、方形杆头11等部位表面的混凝土。最后将清理好的各个部件按照本发明的拆分组合方法重新组装好，保养后备用。

参考文献

[1] 汪魁峰,汪玉君,夏海江,等.长距离引输水工程混凝土配合比设计要点[M].郑州:黄河水利出版社,2016.
[2] 刘子慧.长距离输水工程[M].武汉:长江出版社,2010.
[3] 王立久.建筑材料学[M].北京:中国水利水电出版社,2008.
[4] 高礼雄,荣辉,孙国文.现代混凝土配合比设计与质量控制新技术[M].北京:中国铁道出版社,2015.
[5] 冯乃谦.实用混凝土大全[M].北京:科学出版社,2001.
[6] 王光谦,欧阳琪,张远东,等.世界调水工程[M].北京:科学出版社,2009.
[7] 陈涌城,张洪岩.长距离输水工程有关技术问题的探讨[J].给水排水,2002(2):1-4.
[8] 陈涌城.长距离输水工程设计总结[J].给水排水技术动态,1996(4):67-72.
[9] 于本洋,马岚,朱玉峰.辽宁省大伙房水库输水工程建设管理[M].北京:中国水利水电出版社,2016.
[10] 李金玉,曹建国.水工混凝土耐久性研究及应用[M].北京:中国电力出版社,2004:94.
[11] 冯乃谦,邢锋,刘崇熙.混凝土与混凝土结构的耐久性[M].北京:机械工业出版社,2009.
[12] 国家能源局.水工混凝土配合比设计规程:DL/T 5330—2015[S].北京:中国电力出版社,2015.
[13] 中国水利水电科学研究院,南京水利科学研究院.水工混凝土试验规程:SL 352—2006[S].北京:中国水利水电出版社,2006.
[14] 中国建筑科学研究院,等.普通混凝土配合比设计规程:JGJ 55—2011[S].北京:中国建筑工业出版社,2011.
[15] 中华人民共和国国家质量监督检验检疫总局,中国国家标准化管理委员会.用于水泥和混凝土中的粉煤灰:GB/T 1596—2017[S].北京:中国标准出版社,2017.
[16] 中华人民共和国国家质量监督检验检疫总局,中国国家标准化管理委员会.通用硅酸盐水泥:GB 175—2007[S].北京:中国标准出版社,2008.
[17] 中华人民共和国国家质量监督检验检疫总局,中国国家标准化管理委员会.钢筋混凝土用钢 第1部分:热轧光圆钢筋:GB/T 1499.1—2017[S].北京:中国标准出版社,2017.
[18] 中华人民共和国国家质量监督检验检疫总局,中国国家标准化管理委员会.碳素结构钢:GB/T 700—2006[S].北京:中国标准出版社,2007.
[19] 中华人民共和国国家质量监督检疫总局,中国国家标准化管理委员会.低合金高强度结构用钢:GB/T 1591—2008[S].北京:中国标准出版社,2009.
[20] 中华人民共和国国家质量监督检验检疫总局,中国国家标准化管理委员会.热轧H型钢和剖分T型钢:GB/T 11263—2017[S].北京:中国标准出版社,2017.
[21] 国家能源局.水工混凝土施工规范:DL/T 5144—2015[S].北京:中国电力出版社,2015.
[22] 中华人民共和国住房和城乡建设部.地下防水工程质量验收规范:GB 50208—2011[S].北京:中国建筑工业出版社,2012.
[23] 中华人民共和国国家质量监督检验检疫总局,中国国家标准化管理委员会.高分子防水材料 第2部分:止水带:GB 18173.2—2014[S].北京:中国标准出版社,2015.

[24] 中华人民共和国国家质量监督检验检疫总局,中国国家标准化管理委员会. 高分子防水材料 第3部分:遇水膨胀橡胶:GB/T 18173.3—2014[S].北京:中国标准出版社,2015.

[25] 中华人民共和国国家质量监督检验检疫总局,中国国家标准化管理委员会. 砂浆和混凝土用硅灰:GB/T 27690—2011[S].北京:中国标准出版社,2012.

[26] 中华人民共和国国家发展和改革委员会. 混凝土制品用脱模剂:JC/T 949—2005[S].北京:中国建材工业出版社,2005.

[27] 中华人民共和国国家发展和改革委员会. 喷射混凝土用速凝剂:JC 477—2005[S].北京:中国建材工业出版社,2005.

[28] 中华人民共和国国家质量监督检验检疫总局,中国国家标准化管理委员会. 混凝土外加剂:GB 8076—2008[S].北京:中国标准出版社,2009.

[29] 国家经济贸易委员会. 水泥锚杆锚固剂:MT/T 219—2002[S].北京:中国煤炭工业出版社,2002.

[30] 中华人民共和国国家发展和改革委员会. 砂浆、混凝土防水剂:JC 474—2008[S].北京:中国建材工业出版社,2008.

[31] 中华人民共和国国家质量监督检验检疫总局,中国国家标准化管理委员会. 建设用砂:GB/T 14684—2011[S].北京:中国标准出版社,2012.

[32] 中华人民共和国国家质量监督检验检疫总局,中国国家标准化管理委员会. 建设用卵石、碎石:GB/T 14685—2011[S].北京:中国标准出版社,2012.

[33] 中华人民共和国住房和城乡建设部. 钢筋焊接及验收规程:JGJ 18—2012[S].北京:中国建筑工业出版社,2012.

[34] 中华人民共和国国家质量监督检验检疫总局,中国国家标准化管理委员会. 焊接接头拉伸试验方法:GB/T 2651—2008[S].北京:中国标准出版社,2008.

[35] 中华人民共和国建设部. 混凝土用水标准:JGJ 63—2006[S].北京:中国建筑工业出版社,2006.

[36] 中华人民共和国住房和城乡建设部. 普通混凝土拌合物性能试验方法标准:GB/T 50080—2016[S].北京:中国建筑工业出版社,2017.

[37] 中华人民共和国水利部. 水利水电工程锚喷支护技术规范:SL 377—2007[S].北京:中国水利水电出版社,2007.

[38] 中华人民共和国建设部,中华人民共和国国家质量监督检验检疫总局. 普通混凝土力学性能试验方法标准:GB/T 50081—2002[S].北京:中国建筑工业出版社,2003.

[39] 中华人民共和国住房和城乡建设部. 普通混凝土长期性能和耐久性能试验方法标准:GB/T 50082—2009[S].北京:中国建筑工业出版社,2010.